CHRISTIAN GANTNER · VOM BACH ZUM BACHKANAL

CHRISTIAN GANTNER

VOM BACH ZUM BACHKANAL

Ein Beitrag zur Geschichte
der Wiener Kanalisation

HERAUSGEBER: STADT WIEN/MA30 – WIEN KANAL

IMPRESSUM

Eigentümer und Herausgeber: Stadt Wien/MA 30 – Wien Kanal
Autor: Christian Gantner
Fotonachweis: Christian Gantner, Archiv MA 30 – Wien Kanal
und Abbildungen lt. Quellenverzeichnis
Grafik-Design: Silvia Freudmann, Claudia Drechsler
Verleger: Bohmann Druck und Verlag Ges.m.b.H. & Co.KG., 1110 Wien
Gedruckt auf ökologischem Druckpapier aus der Mustermappe
von „ÖkoKauf Wien".
2., erweiterte Auflage, Wien 2008. Alle Rechte vorbehalten.

ISBN 978-3-901983-89-4

INHALTSVERZEICHNIS

Meiner Gattin Anna
und meiner Tochter Doris gewidmet

„Drunt im Liechtental, hint' beim Alserbach,

Da steht a alte Kraxen mit an Schindeldach,

Wo die Fenster san fest verschmiert mit Lahm,

Dort, wann's wissen woll'n, bin i daham."

Altwiener Volkslied

Kaum jemals sichtbar für die Öffentlichkeit verrichten die Mitarbeiter der Wiener Kanal-Abteilung eine oft schwere Arbeit, die für die Lebensqualität und den Umweltschutz in unserer Stadt ganz wesentlich ist. Saubere Gewässer und die heute gewohnten hygienischen Standards wären ohne das dafür nötige Kanalsystem undenkbar. Dass diese Kanäle aber natürlich nicht „schon seit immer" existierten, scheint heute beinahe in Vergessenheit geraten zu sein.

Umso erfreulicher ist es, dass der Erstauflage des Titels „Vom Bach zum Bachkanal" von Christian Gantner ein großer Erfolg beschieden war. Eingebettet in die historische Entwicklung Wiens schildert Gantner im vorliegenden Werk einen entscheidenden Abschnitt in der Geschichte der Wiener Kanalisation: Die Einwölbung offen fließender Bäche zu Kanälen brachte im 19. Jahrhundert entscheidende hygienische Verbesserungen für die Bewohner der boomenden Millionenstadt. Seuchen und Epidemien als Resultat der Einleitung von Abwässern in offen verlaufende Bäche sollten damit der Vergangenheit angehören. Wichtiger Nebeneffekt: Durch die dafür notwendigen Baumaßnahmen wurde die Wiener Topographie ganz entscheidend verändert. So erinnern heute nur noch Straßennamen wie Krottenbachstraße oder Alszeile an den Verlauf der Bäche, die im 19. Jahrhundert als Kanäle eingewölbt wurden.

Das Wiener Abwassermanagement genießt in der internationalen Fachwelt einen ausgezeichneten Ruf. Zahlreiche Delegationen besuchen alljährlich Wien, um sich von der gelungenen Verbindung eines historisch gewachsenen Kanalnetzes mit der Technologie des 3. Jahrtausends – von der Wiener Kanalnetzsteuerung bis zur Abwasserreinigung in der erweiterten Hauptkläranlage Wien – zu überzeugen. Darum hat sich die MA 30 – Wien Kanal entschlossen, mit einer englischen Kurzfassung das Werk in seiner 2. Auflage auch Interessierten aus dem Ausland zugänglich zu machen.

Ich bin überzeugt, dass auch die Neuauflage dieses Buches ein großer Erfolg wird. Dem Autor Christian Gantner möchte ich persönlich für seine aufwändigen historischen Recherchen danken. Er hat damit einen wichtigen Teilaspekt der Wiener Geschichte aus dem Dunkel des Untergrunds ans Licht geholt.

Peter Ruso
Abteilungsleiter MA 30 – Wien Kanal

Abb. vorherige Doppelseite:

Kaiser Franz begutachtet den Bau des Cholera-Kanals 1831.

Lithographie von J. Trentsensky

Beispielgebend für die Geschichte der historischen Wasserläufe von Wien seien in diesem Buch zwei ehemalige Bäche angeführt, deren Entwicklung vom offenen Wasserlauf bis zum Bachkanal auf den kommenden Seiten dokumentiert ist.

Die Auswahl kommt nicht von ungefähr. Es sind dies zwei Bäche, die über Jahrhunderte die Landschaft entscheidend prägten und mitgestalteten.

Sei es die Als, deren Mäander sich noch heute im Straßennetz widerspiegeln, wie kaum ein anderer historischer Wasserlauf. Oder der Krottenbach, welcher durch seine tiefen Geländeeinschnitte eine direkte Verbindung von Oberdöbling nach Unterdöbling nur über eine steile Stiegenanlage ermöglichte und diese Kenntnis erst zum Verständnis der Bezeichnung Ober- und Unterdöbling beitragen kann.

Es sind auch zwei Wasserläufe, welche die gesamte Bauentwicklung am Kanalsektor im 19. Jahrhundert bestens dokumentieren.

Gehörte der Unterlauf der Als zum ersten Kanalisierungsprogramm der Stadt, welches in den Jahren 1830 bis 1834 aufgestellt und letztlich 1850 vollendet wurde, also zu Beginn der Geschichte der planmäßigen Bachkanalisation im Biedermeier, so bildete der Krottenbach im zweiten großen Kanalisierungsabschnitt 1891 bis über die letzte Jahrhundertwende hinaus quasi den Endpunkt.

Beide sind somit Sinnbild einer Epoche und Beispiel einer technischen Entwicklung, welche den Grundstein zum Aufstieg Wiens zur Metropole um 1900 legten.

Die Arbeiten „Die Als – Die Geschichte eines Wasserlaufs" sowie „Am Krottenbach – Auf den Spuren einer historischen Landschaft", beide in der Serie „Vom Bach zum Bachkanal" erschienen, wurden erstmals 1991 bzw. 1997 veröffentlicht, zum einen im Eigenverlag der Magistratsabteilung 30, zum anderen als unveränderter Nachdruck als

Beihefte der Wiener Geschichtsblätter, herausgegeben vom Verein für Geschichte der Stadt Wien.

Beide Arbeiten liegen nun zusammengefasst und in aktualisierter, überarbeiteter und ergänzter Form mit neuem, zusätzlichem Bildmaterial vor. So wurde das Kapitel über die Bacheinwölbungen im Wiener Raum der Arbeit „Am Krottenbach" neu überarbeitet und als allgemeiner Teil den zwei Abschnitten vorangestellt. Ebenso wurde das Kapitel „Ein Donauarm versandet" aus „Am Krottenbach" zum besseren Verständnis in den allgemeinen Teil übernommen.

Die Rekonstruktion der ehemaligen Wasserläufe wird in Fließrichtung von der Quelle zur Mündung, die Beschreibung des Einwölbungsverlaufs entsprechend der Kanalbauweise von der Vorflut gegen die Fließrichtung zum Vorkopf (Kanalende) wiedergegeben.

Ebenso wurden Gerinne im Einzugsgebiet der beiden Wasserläufe, sofern interessant, mitbehandelt.

Bis auf jene Strecken, wo eingehendere Betrachtungen notwendig erschienen, spiegelt die vorliegende Arbeit die Trasse der historischen Wasserläufe wider, wie sie in den letzten Jahren vor der Einwölbung bestanden hat.

Die Schilderung der Einwölbungsbauarbeiten ist auf das ursprünglich ausgeführte Projekt bezogen, in wesentlichen Ausnahmen wurde auch auf spätere Umbauten eingegangen.

Christian Gantner

P.S.: Mein besonderer Dank gilt meinem Mitarbeiter Karl Wögerer. Er hatte einen wesentlichen Anteil an der gelungenen Präsentation der Erstauflage dieses Buches. Sein Engagement hat auch zum Zustandekommen der zweiten Auflage von „Vom Bach zum Bachkanal" beigetragen. C. G.

DIE BACHEINWÖLBUNGEN IM WIENER RAUM –
EIN ALLGEMEINER ÜBERBLICK

Wirft man einen Blick auf die Straßenkarte von Wien, so ist es heute nur schwer vorstellbar, dass noch im Biedermeier zahlreiche Gassen und Straßenzüge dieser Stadt von Bächen durchflossen waren, von größeren und kleineren Gerinnen, welche allesamt ihren Ursprung im Wienerwaldgürtel, der die Metropole von Nordwesten bis Süden umgibt, hatten und haben.

Alte Stiche und Gemälde dieser Zeit zeigen uns noch diese Wasserläufe, an deren Ufern knorrige Gestalten, Baumriesen längst vergangener Epochen, welche zum Verweilen und Entspannen einluden, als landschaftsbestimmende Elemente die Gegend prägten.

Doch wo sind sie geblieben, die Bäche und Gerinne, die so viele Jahrhunderte hinweg das geographische Bild Wiens dominierten und welche letztendlich nicht unwesentlich für die städtebauliche Entwicklung dieser Stadt verantwortlich zeichneten? Viele von ihnen sind heute vergessen, an manche erinnert noch die Nomenklatur (Alserbachstraße, Krottenbachstraße, Dornbach etc.).

Doch noch heute kann man ihre Tiefenlinien und Mäander im Weichbild der Stadt erkennen. Verbannt in Wiens Unterwelt leisten die Wasserversorger vergangener Zeiten heute einen wesentlichen Beitrag zur flächendeckenden Entsorgung der Abwässer. Einzig der Wienfluss und die Liesing, die als größte Wasserläufe im Wienerwald entspringen, sind noch präsent im Stadtbild Wiens; die Wien teilweise jedenfalls, nämlich dort, wo ihr das Schicksal der Einwölbung erspart blieb.

Bachkanäle heißen sie heute im Fachjargon der Entsorgungstechniker. Aus ehemaligen Bächen wurden eingewölbte Wasserläufe, deren Quellwässer nun zur Spülung und Abfuhr von Fäkal- und Regenwässern herangezogen werden. Auf Grund der Größe ihrer Einwölbungsdimensionen sowie der topographischen Tieflagen bilden diese Gerinne heute einen fixen Bestandteil im Hauptsammelkanalnetz von Wien, es

15

kommt ihnen an Wichtigkeit vergleichsweise dieselbe Priorität zu wie im Straßennetz die Hauptverkehrswege, welche Wien durchziehen.

Die Idee, sich anfallender Bachwässer zur Spülung von Kanälen zu bedienen und gleichzeitig Hochwasserkatastrophen vorzubeugen hatten schon die alten griechischen Ingenieure. Das spätere Kanalsystem des antiken Athen entstand um einen eingewölbten Bach, der das alte Stadtzentrum im Norden der Akropolis durchfloss, den Eridanus.

Auch Rom wurde durch die Entstehung von Bachkanälen in seiner Entwicklung maßgeblich beeinflusst. Die ältesten Entwässerungsanlagen Roms wurden zweifellos von etruskischen Baumeistern geschaffen. Tarquinius der Ältere beauftragte im 6. Jahrhundert vor Christus, zur Trockenlegung des sumpfigen Gebiets der Tiber-Niederung, die Errichtung einer Entwässerungsanlage mit Ausmündung in den Tiber.

Im Laufe der Zeit wurde diese Kanalanlage auch zur Abfuhr menschlicher und tierischer Fäkalien herangezogen. Die stete Stadterweiterung Roms bedingte, dass immer neue Kanäle errichtet und großteils an die bestehende Vorflut angeschlossen wurden, sodass dieser Bachkanal mit der Zeit zum größten römischen Sammelkanal wurde, zur Cloaca Maxima. Die Anlage erreichte immerhin eine Länge von 800 Meter und weist mit einem Querschnitt von 3,20 Meter Breite und 4 Meter Höhe auch für heutige Verhältnisse beachtliche Ausmaße auf. Doch die ursprüngliche Entwicklung dieses Kanals zeigt viel Ähnlichkeit mit jener von Athen.

Für Bachkanäle typisch wurde zunächst das Bachufer befestigt, der Wasserlauf parallel zur Stadtentwicklung zuerst teilweise, später vollständig überdeckt und zur Ableitung von Fäkalwässer herangezogen.

Diese Kanalbautechnik wurde von den Römern, wo es topographisch möglich war, im ganzen Reich angewandt.

Auch im späteren Wien setzte mit der Erbauung des römischen Standlagers Vindobona die Geschichte der Kanalisation und der Bacheinwölbung ein.

Die römischen Heerführer hatten sich zur Errichtung ihres Lagers einen sowohl geographisch als auch militärisch günstigen Standort ausge-

Abb. 1, Karte von Wien 1803

sucht. Die nordwestliche Begrenzung des römischen Kastells bildete der Tiefe Graben, welcher noch bis zum Mittelalter vom Ottakringer Bach durchflossen war.

Der ehemalige Salzgriesarm der Donau sowie der heutige Graben bildeten die nordöstliche sowie die südwestliche Grenze des römischen Lagers. Südöstlich war das Kastell von einem Gerinne begrenzt,

17

welches im unteren Drittel des Grabens entsprang und wahrscheinlich entlang der heutigen Rot- und Kramergasse dem Salzgriesarm zufloss.

Der Ottakringer Bach einerseits als auch das genannte Gerinne teilten das Kastell in zwei Entwässerungsgebiete auf.

Sammelkanäle, welchen die Abwässer des Lagers zugeführt wurden, beförderten die Fäkalien über Einleitungen in diese beiden offenen Wasserläufe in den alten Donauarm. So wurde im Keller der Hauptfeuerwache „Am Hof" ein parallel zum „Tiefen Graben" verlaufendes Kanalstück mit einer lichten Breite von 80 Zentimeter und einer lichten Höhe von 1,80 Meter gefunden.

Zweifellos war das dem Graben entspringende, kurze Gerinne nur von geringer Wasserführung, dies macht es sehr wahrscheinlich, dass der Wasserlauf bereits damals zumindest teilweise eingewölbt und kanalisiert wurde. Die Tatsache, dass nach der Zerstörung Vindobonas durch die Wirren der Völkerwanderung die Fläche des besiedelten Gebiets sich bis zur ersten Stadterweiterung durch die Babenberger Ende des 12. Jahrhunderts nicht änderte, macht auch eine Änderung der Vorflutverhältnisse unwahrscheinlich.

Wohl war mit dem Untergang der römischen Kultur auch die Entwässerungstechnik in Vergessenheit geraten, doch konnten im späten Mittelalter bereits spärliche Anzeichen einer Kanalisation nachgewiesen werden. Eine dieser sogenannten „Möhrungen" war jenes kleine Gerinne, welches wahrscheinlich spätestens mit Zuschütten des

Abb. 2
Römischer Kanaldeckel
des Standlagers Vindobona

Abb. 3, Beginn der Bauarbeiten zur Errichtung des Rechten Wienflusssammelkanals, Herbst 1831

Grabens durch die mittelalterliche Stadterweiterung austrocknete und bei den Bauarbeiten zur Errichtung der U-Bahn-Linie U3 vor dem Haas-Haus freigelegt werden konnte.

Aufgrund mittelalterlicher Überlieferungen waren einige Häuser an eine Möhrung, welche im Bereich dieses Bachbettes verlief, angeschlossen. War das bloß ein Kanal, welcher sich die Tieflage des alten Wasserlaufs zunutze machte, oder war es bereits der Bach selbst, der als erster Bachkanal in der Geschichte Wiens verrohrt wurde? Wir wissen es nicht. Sehr wohl bekannt ist jedoch die Tatsache, dass Bäche im Wiener Raum schon sehr früh in ihrer ursprünglichen Lage verändert wurden, wie dies vor allem beim Ottakringer Bach und bei der Als der Fall war.

Wie später noch beschrieben, wurde der Ottakringer Bach in seinem Unterlauf dermaßen korrigiert, dass er ab ca. 1240 nicht mehr durch den Tiefen Graben, den heutigen Donaukanal, sondern mehrmals umgelegt letztendlich der Wien zufloss. Und das ist bis heute so geblieben. Unbemerkt mündet der Bachkanal nahe der Sezession in den Linken Wienflusssammelkanal. Kenner des Spielfilmes „Der dritte Mann" wissen über diese Örtlichkeit bestens Bescheid, veranstaltet doch die Magistratsabteilung 30 – Wien Kanal seit Jahren Führungen für ein interessiertes Publikum durch das „unterirdische Wien" rund um den Esperanto Park.

Sicher ist auch, dass gegen Ende des 15. Jahrhunderts bereits zahlreiche Kanäle im Bereich des heutigen ersten Bezirks existiert hatten. Durch die rege Bautätigkeit nach dem Ende der Zweite Türkenbelagerung 1683 wurde auch das Kanalnetz dichter.

Im ersten Drittel des 18. Jahrhunderts war bereits das verbaute Gebiet innerhalb der Basteien nahezu zur Gänze kanalisiert. Die rasch aufstrebenden Vorstädte und Vororte leiteten ihre Abwässer in die bestehenden Bäche und Wasserläufe, an deren Ufern sie entstanden waren. Noch war die Wasserführung imstande, den Unrat und die Fäkalien aufzunehmen. Die immer größer werdende Bebauungsdichte jedoch erforderte zum einen die Trockenlegung von Quellgebieten, zum anderen wurde das Quellwasser am damaligen Stadtrand in Brunnstuben gesammelt und der Stadt zugeleitet, wo es als Trink- und Nutzwasser Verwendung fand. Bald schon reichte die Schleppkraft des spärlichen Wassers nun nicht mehr aus, um die ständig anwachsenden Fäkalien abzutransportieren.

Die jährlichen Hochwässer jedoch, welche ihren Ursprung durch das große Einzugsgebiet tief im Wienerwaldbereich hatten, waren mit den Quellzuleitungen in Brunnstuben von Bereichen innerhalb des heutigen Gürtels nicht gebannt. Vornehmlich im Frühjahr, jedoch nach jedem Starkregenereignis, kam es somit zu teilweise verheerenden Hochwasserkatastrophen, welche auch die angehäuften, faulenden Abfälle, unter denen sich zumeist auch Tierkadaver befanden, freisetzten. Die Pestjahre 1679 und 1713 lassen sich auf solche Ereignisse zurückführen.

Obwohl sich durch diese sanitären Übelstände die Gesundheitsverhältnisse der Bevölkerung eklatant verschlechterten, sollte es – wie im Abschnitt „Die Als – Die Geschichte eines Wasserlaufs" beschrie-

Abb. 4, Die Wiener Kanalisation um 1730

ben wird – einer noch größeren Katastrophe bedürfen, um die konsequente Einwölbung der Bäche in Angriff zu nehmen – den großen Eisstoß vom 28. Februar 1830 und die darauf folgende Choleraepidemie.

Nun begann eines der größten Bauprogramme der Stadtgeschichte, welches letztendlich über siebzig Jahre andauern sollte und an deren Ende der Großteil der bestehende Bäche und Wasserläufe entweder zur Gänze, jedoch zumindest bis in den Wienerwaldbereich hinein eingewölbt und kanalisiert wurde.

Neben der Errichtung des Rechten und Linken Wienflusssammelkanals begann man nun konsequent mit der Kanalisierung der verjauchten Wasserläufe. So wurde in den Jahren 1837 bis 1840 der Ottakringer Bach in seinem Unterlauf eingewölbt, in den Jahren 1840 bis 1845

21

folgte, wie noch genau beschrieben sein wird, die Einwölbung des Alsbachs bis zum Linienwall. Im Jahre 1848 wurde der Währinger Bach von seiner Einmündung in die Als bis zum heutigen Gürtel kanalisiert. Ebenso wurde der Rossauer Schmidtgraben eingewölbt. Mit Ableitung des Döblinger Bachs endete 1850 die erste große Kanalisierungswelle.

Mit dem Gesetz vom 19. Dezember 1890, welches die Eingemeindung von 33 Vorortgemeinden sowie Teilen von zusätzlich 19 Gemeindegebieten in der Peripherie des damaligen Stadtgebiets per 1. Jänner 1892 vorsah, vergrößerte sich die Grundfläche von 55,4 Quadratkilometer auf 178,12 Quadratkilometer und somit auf das Dreifache. Die Einwohnerzahl der Stadt stieg um über 60 Prozent auf 1,342.897. Die Bezirke 11 bis 19 waren entstanden, umfangreiche kommunale Aufgaben kamen auf die Stadtverwaltung zu.

Abb. 5, Bis 1892 bildete der alte Linienwall die Grenze zu den Vororten

Beim Ausbau der öffentlichen und der Individualverkehrswege sowie der technischen Infrastruktur galt es nun, die Erfordernisse einer ständig wachsenden Millionenstadt zu berücksichtigen.

Die Reichshaupt- und Residenzstadt Wien war auf dem Weg zur Wende in das neue Jahrhundert. An allen Ecken und Enden der Stadt wurde abgebrochen, reguliert und neu errichtet.

Da sich die ehemaligen Vorortgemeinden selten bei Planungen von überregionalen Zusammenhängen leiten ließen, blieben im Verkehrsnetz einheitliche Bedürfnisse zumeist unberücksichtigt, was dazu führte, dass Gassen beispielsweise nur bis zur Gemeindegrenze einer Ortschaft führten und dann im Nichts endeten.

Konnten sich manche Vororte bereits vor der Eingemeindung infrastrukturelle Maßnahmen leisten, so waren viele Gemeinden finanziell dazu nicht in der Lage. Diese unhaltbaren Zustände mussten nun beseitigt und übergeordnete Planungsleitlinien erarbeitet werden.

In Zusammenhang mit der Stadterweiterung trat per 26. Dezember 1890 eine Novellierung der Bauordnung in Kraft, welche den Gemeinderat zu einer umfassenden und einheitlichen Stadtentwicklung verpflichtete.

Der Bau der großen Sammelkanäle am Wienfluss außerhalb der Linien und am Donaukanal etwa war ein Ergebnis der 1892 gegründeten Kommission für Verkehrsanlagen. Ein Generalregulierungsplan für Wien gab nun die Leitlinien der Stadtplanung vor.

1893 wurde auch ein Bauzonenplan beschlossen, welcher erstmals in groben Zügen Wohngebiete von Industrie- und Gewerbeflächen trennte, und auch Bauklassen, vom Zentrum zum Stadtrand abfallend, festlegte.

Als vorrangiges Ziel galt es auch, die sanitären Missstände der Vororte, welche immer wieder Anlass für Seuchen und Epidemien waren, durch geeignete Maßnahmen zu unterbinden. Das bedeutete vor allem den koordinierten Ausbau von Entsorgungseinrichtungen, welcher nur im Zusammenwirken aller betroffenen Gemeinden umgesetzt werden konnte.

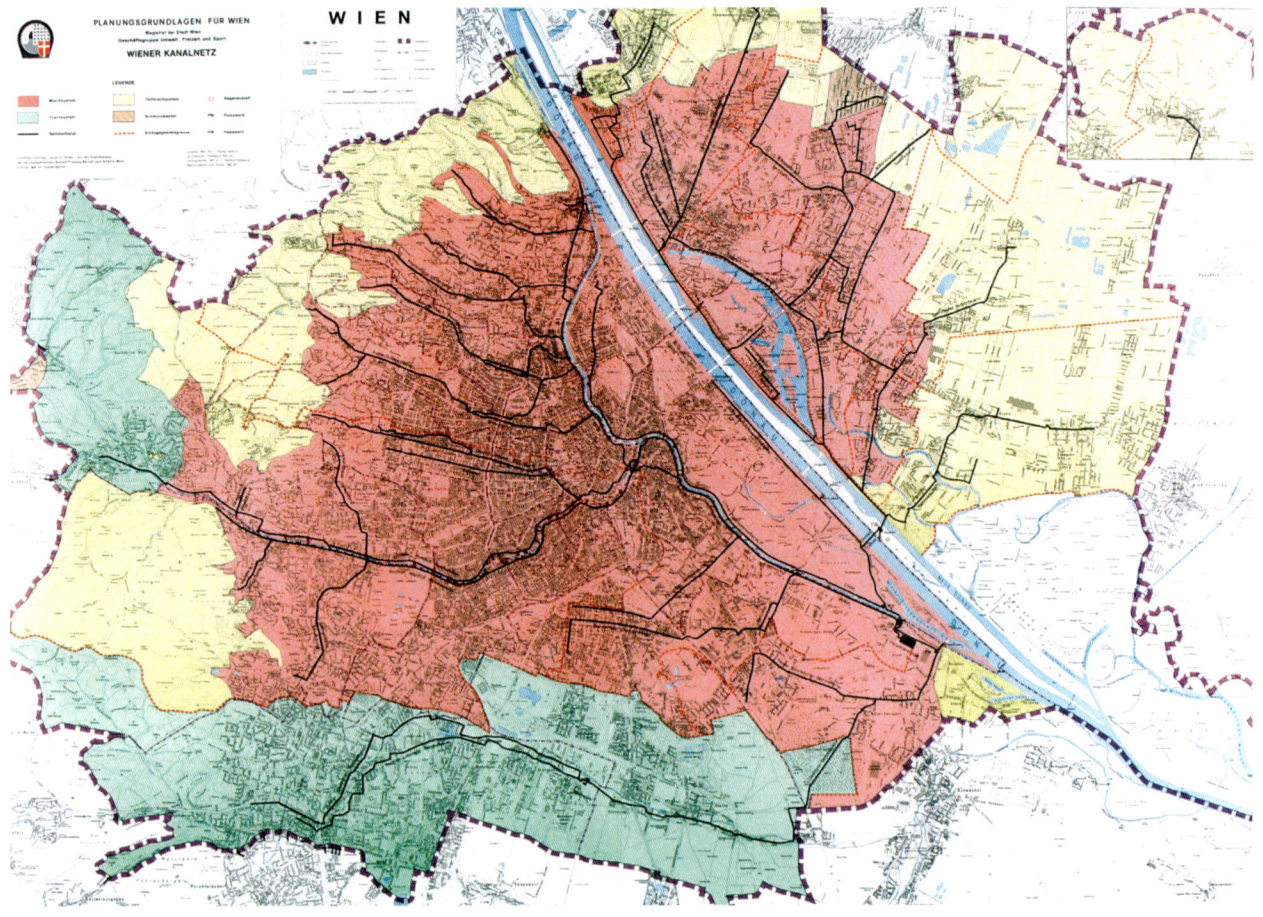

Abb. 6, Überblick über die verschiedenen Entsorgungssysteme von Wien.
Rund 80% der Stadt werden im Mischsystem (Regen- und Fäkalwässer) entsorgt,
deren Hauptsammler rechtsufrig der Donau zumeist die Bachkanäle sind (rot)

Die mancherorts bereits durch die Vororte an neuralgischen Punkten errichteten Kanalstücke wiesen uneinheitliche Querschnitte auf und waren hydraulisch und bautechnisch für eine klaglose Abfuhr der anfallenden Abwässer ungeeignet. Zumeist waren sie nur zum Zweck der Geruchsverminderung errichtet worden, hatten keine ausreichende Fließsohle und wurden des Öfteren nicht einmal überschüttet.

Die Bauzustandsaufnahme der alten Nesselbacheinwölbung führt uns den Zustand der nun von der Gemeinde Wien übernommenen Kanäle in den Vororten drastisch vor Augen.

In einem Bericht aus dem Archiv der MA 30 heißt es dazu:
„Die zahlreichen sanitären Übelstände, sowie die Verkehrsbedürfnisse veranlassten schon die damaligen Gemeinden Heiligenstadt, Nussdorf

und Grinzing, das ihr Gemeindegebiet durchziehende offene Gerinne des Nesselbachs je nach Maßgabe der vorhandenen Geldmittel und der gewährten Landessubventionen einzuwölben, um dadurch eine möglichst anstandslose Abfuhr der aus den verbauten Gebieten zuflie-ßenden Schmutzwässer zu erzielen und weiters den offenen Wasserlauf nach erfolgter Überbauung als Verkehrsweg benützen zu können.

Die Einwölbung wurde in den Jahren 1870 bis 1888 ohne Grundlage eines einheitlichen Projekts, immer nur stückweise, theils von den Gemeinden theils von Privaten je nach dem momentanen Bedarfe zur Ausführung gebracht. Eine wasserrechtliche Genehmigung zur Vornahme der Bacheinwölbung ist in dem Wasserbuche nicht ein-getragen.“

Ferner wird ausgeführt:
„Die Art der Herstellung, wonach die Einwölbung nur stückweise bald an der einen, bald an der anderen Stelle, ohne Zusammenhang, ver-schieden in den Profilgrößen, ungleich in den Baumaterialien und der Sohlenherstellung, ohne Rücksichtnahme auf ein gleichmäßiges Gefälle zur Ausführung gebracht wurde, macht es erklärlich, dass die gesamte Anlage den heutigen Anforderungen, die an einen zur Unrathsabfuhr geeigneten eingewölbten Bachlauf gestellt werden müssen, nicht entspricht.

Nachdem die stückweisen Einwölbungen ohne Berücksichtigung der abzuführenden Wassermengen und deren Abflussverhältnisse her-gestellt wurden, zeigen sich nunmehr die Folgen dieser Art der Bau-ausführung in der gänzlich unzulänglichen Art der Wasserableitung und den zahlreichen Beschädigungen des Bauwerkes.“

Im Weiteren wurde dann der schlechte Allgemeinzustand beschrieben, und die teilweise ausgewaschene oder gar verschwundene Sohlenaus-bildung beklagt. Schließlich wurde eine permanente Einsturzgefahr konstatiert.

„Der größte Theil der Einwölbung besitzt auch nur eine geringe Über-schüttungshöhe, wodurch das Gewölbe unter den Erschütterungen darüber verkehrender Fuhrwerke sehr zu leiden hat, und in seinem Zusammenhange gelockert wird.“

Bedenkt man das im Vergleich zu heute sehr spärliche Verkehrsaufkommen in den ehemaligen Vorortgemeinden, muss der Bauzustand dieses beschriebenen Kanals schon sehr bedenklich gewesen sein.

War die Mitte des Jahrhunderts geprägt von den Erfordernissen, welche zum Ausbau eines geeigneten Kanalnetzes in den Vorstädten bis zu den Linien führten, in dieser Phase sind vor allem der Bau der Sammelkanäle beidseits des Wienflusses, die Einwölbung des Ottakringer, des Als- und des Währinger Bachs zu erwähnen, so wandte sich der Magistrat nun verstärkt dem Entsorgungsnotstand der neuen Stadtgebiete zu.

Mit der Eingemeindung der Vorortgemeinden setzte ein zweites gewaltiges Kanalisierungsprogramm der Wiener Stadtverwaltung ein. Hier kam vor allem der Einwölbung der gänzlich verjauchten Wienerwaldbäche jenseits des Linienwalls, welche zur Jahrhundertwende noch großteils offen die ländlich geprägten Ortschaften durchflossen und der Umgebung Wiens ihr typisches Aussehen verliehen, große Bedeutung zu.

In den Jahren 1891 bis 1903 investierte die Stadt Wien rund 17 Millionen Kronen für den Ausbau von Entwässerungsanlagen in den ehemaligen Vorortgemeinden. Aus den offenen Gerinnen entstanden bis heute leistungsfähige Hauptsammelkanäle.

In der Folge wandelten sich, bedingt durch die rasche Ausdehnung der Stadt bis zu den Ausläufern des nordwestlichen Wienerwaldgürtels, die sozialen und topographischen Strukturen entscheidend.

An einen jener Wasserläufe, welcher seit diesen Tagen notgedrungen für immer aus dem Landschaftsbild verschwand, erinnern nicht nur alte Lagepläne aus dem Archiv der Magistratsabteilung 30 – Wien Kanal, sondern auch die Nomenklatur des gleichnamigen Straßenzugs im 19. Gemeindebezirk. Die Rede ist vom Krottenbach.

Wie alle damals noch ober Tag fließenden Gerinne wurde der Krottenbach mangels finanzieller Mittel zur Erbauung einer entsprechenden Entsorgungsanlage von den Dörfern und Ansiedlungen, welche er durchfloss, als offener Unratskanal verwendet.

26

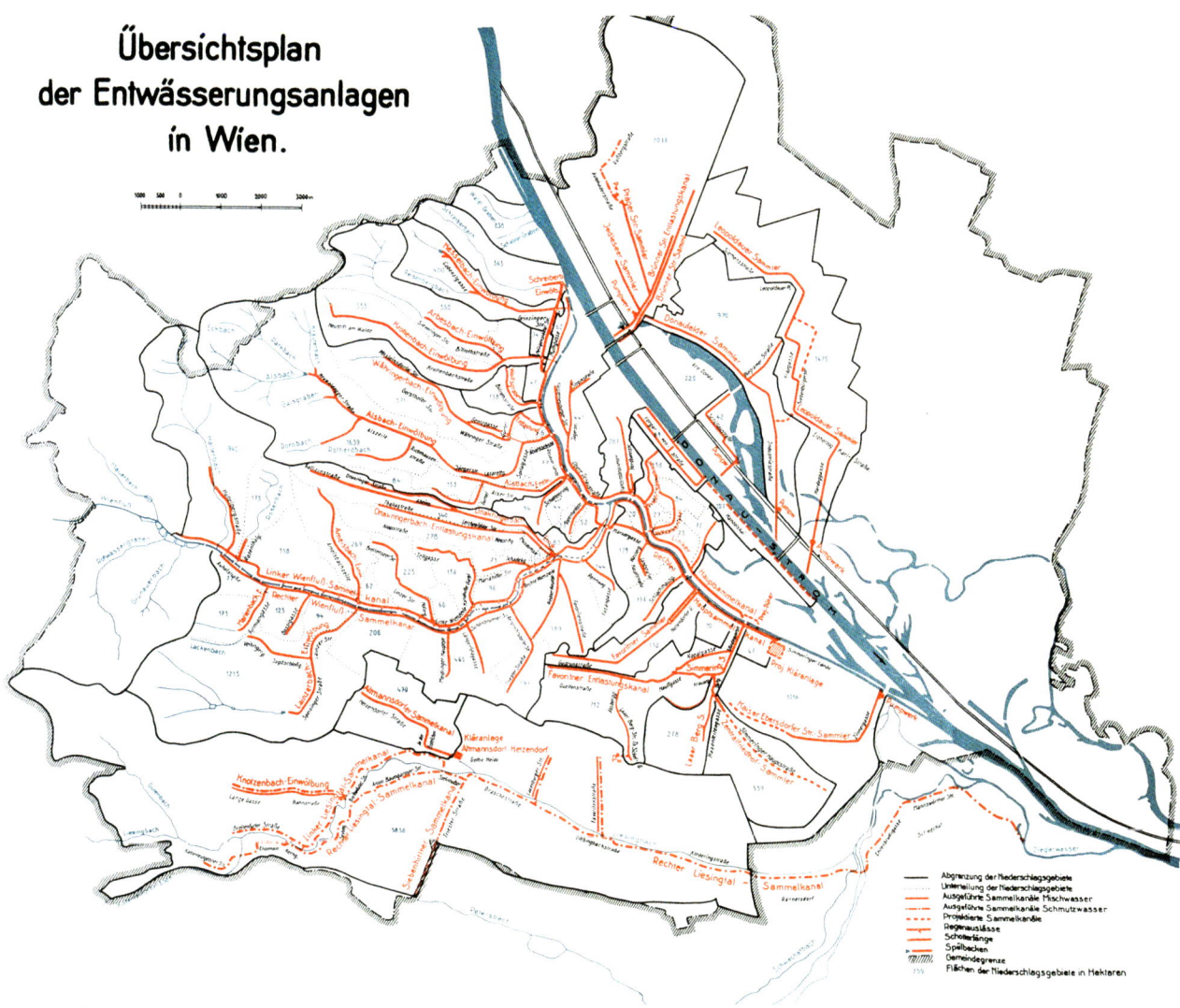

Abb. 7, Das Hauptsammelkanalnetz von Wien (Stand um 1960).
Die einmündenden Bachkanäle entlang der Wienflusssammler sowie
nordwestlich davon sind durch ihre Mäanderform gut ersichtlich

Da die einzelnen Ortskerne zu Ende des vorigen Jahrhunderts noch durch größere landwirtschaftlich genutzte Gebiete voneinander getrennt waren, dienten die neuen Kanäle anfangs über längere Strecken nur als Transportstränge. Hier war es vor allem notwendig, die Verlegung möglichst mit der geplanten zukünftigen Widmung abzustimmen, um kostenintensive Umlegungen zu vermeiden. Dies war keine leichte Aufgabe, da sich die Planungen des Öfteren änderten.

27

Angesichts der immer wieder auftretenden Probleme bei den Grundeinlösen gestaltete sich die Umsetzung der Bauarbeiten im freien Feld als langwierig und kompliziert, war jedoch zur ordnungsgemäßen Entsorgung der eingemeindeten Vororte unabdingbar.

In einem Bericht des Stadtbauamts über die aus sanitären Gründen dringend notwendige Fortsetzung der Kanalisation des Krottenbachs wird dazu ausgeführt:

„Oberhalb des eingewölbten Bachlaufs fließt der Krottenbach in einer ca. 1.900 Meter langen Strecke im offenen Gerinne nur durch Kulturland und befinden sich daselbst weder längs dessen Ufern, noch in der Umgebung desselben Baulichkeiten.

In diesem Theile würde daher kein Bedürfnis vorliegen, das Bachbett einzuwölben, wenn nicht weiter oberhalb die beiden vormaligen Gemeinden Neustift am Wald und Salmannsdorf unmittelbar an dem Bachbette liegen würden, deren der Bachlauf als Entwässerung dient.

Wenn in den Bach, der zwischen die dortigen Realitäten durchfließt und streckenweise in ganz unzulänglicher Weise theils überwölbt theils im Pflastergerinne läuft, nur die Niederschlagswässer eingeleitet würden, so könnten jene – in sanitärer Beziehung höchst bedenklichen Zustände – wie sie gegenwärtig längs des Bachbettes angetroffen werden, nicht eingetreten sein.

Mit Sicherheit dient aber das Krottenbachbett diesen beiden Gemeinden als offener Unrathskanal, in welchen alle Schmutz- und Brauchwässer sowie auch zahlreiche Jauchenableitungen aus Ställen und Überfälle aus Senk- und Mistgruben einmünden.

Durch diese jahrelange Fortbenutzung des offenen Bachgerinnes zur Ableitung aller Schmutzwässer ist eine vollständige Verjauchung des Untergrundes eingetreten und wird durch das Faulen der eingeleiteten organischen Stoffe zur wärmeren Jahreszeit die Luft in arger Weise verunreinigt. Dies hat zur natürlichen Folge, dass epidemische Krankheiten in diesen sonst so günstig gelegenen Ortschaften häufig auftreten und hat das Stadtphysikat aus Ursache der in diesem Frühjahr (Anm. 1894) dort herrschenden Scharlach-Epidemie um baldigste Einwölbung des Krottenbachs angesucht.

Ameisbach.

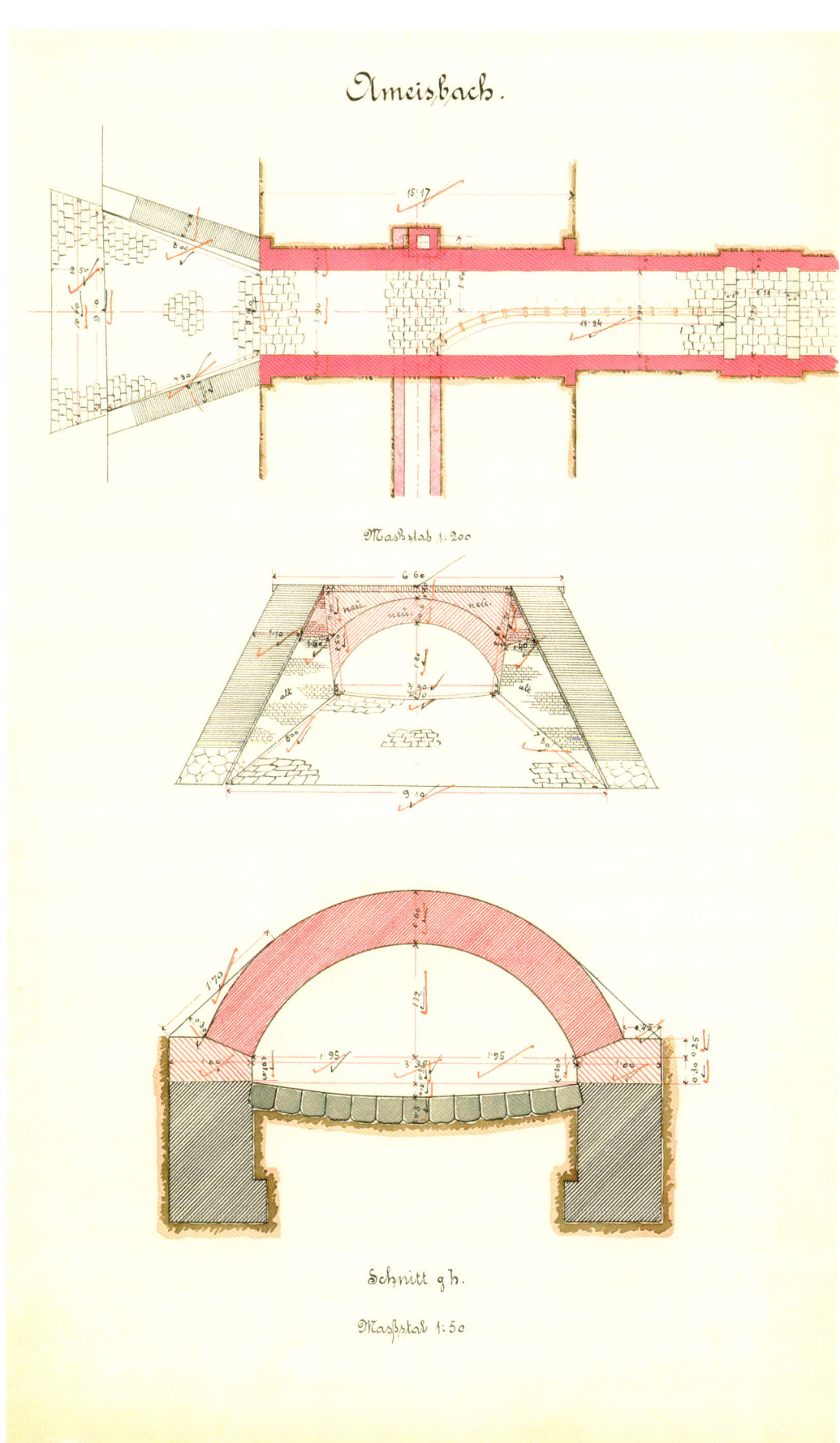

Maßstab 1:200

Schnitt g h.

Maßstab 1:50

Abb. 8
Auslassbauwerk
und Einwölbungs-
profil des
Ameisbachs

Abb. 9, Ottakringer Bach im Liebhartstal, letzte Reste um 1930
(Anm. d. Verf.: Diese Aufnahme zeigt vermutlich den alten Schotterfang
beim Schottenhof, welcher bis 1910 in Betrieb war)

Um diese unhaltbaren Zustände abzustellen, beabsichtigt die Gemeinde Wien die gegenwärtig noch offene Bachstrecke zwischen Oberdöbling und dem Sulzwege in Salmannsdorf einzuwölben, damit die Häuser in Salmannsdorf und Neustift mit Kanalisationsanlagen versehen und die Abfuhr der Schmutzstoffe in einer den sanitären Anforderungen entsprechenden Weise erfolgen könne. Durch die bereits ausgeführten Bauherstellungen wurde den nächstliegenden und dringendsten Bedürfnissen, die Kanalisation des dicht verbauten Gebiets Döblings durchführen zu können, Rechnung zugetragen. Das vorliegende Projekt für die Einwölbung des Krottenbachs wurde unter Zugrundelegung des bei der wasserrechtlichen Verhandlung am 27. März 1893 vorgelegenen generellen Projekts und im vollen Einklange mit den bisher eingewölbten Strecken ausgearbeitet ..."

Diese Ausführungen spiegeln in sehr drastischer und eindrucksvoller Form die hygienischen Verhältnisse der „guten alten Zeit" wider. Die damals bereits bestehende Anschlussverpflichtung sollte die Situation in den kommenden Jahren bereits entscheidend verbessern.

Dazu wird im Bericht über bestehende Wasserrechte festgehalten:

„Eine Benutzung des Wassers des Krottenbachs in der zur Einwölbung beantragten Strecke findet derzeit nicht statt und sind auch keinerlei Wasserrechte in dem Wasserbuche eingetragen. Es münden allerdings zahlreiche Jauchenabflüsse in das Bachbett ein, für welche jedoch eine Bewilligung nicht erteilt wurde. Nach § 58 der Bauordnung sind mit der Erbauung eines Hauptkanals die Hauseigentümer verpflichtet, Hauskanäle herzustellen, welche auch die Jauchenabflüsse aufzunehmen haben, aus welchem Grunde die damit bestehenden Ausmündungen in den Krottenbach zur Auflassung gelangen werden."

Neben den sanitären Vorteilen, die dieses groß angelegte Kanalbauprogramm bewirkte, darf der Impuls für das Bauhaupt- und -nebengewerbe keinesfalls übersehen werden.

In den erwähnten 13 Jahren wurden neben dem Krottenbach auch die zum Einzugsgebiet des Donaukanals zählenden Gerinne des Nesselbachs, des Arbesbachs, des Dornbachs im Haltergraben, sowie die noch offenen Bereiche des Als- und Währinger Bachs eingewölbt.

Die bereits vor der Eingemeindung bestehende und mehrmals in Zusammenhang mit der Regulierung des Donaukanals ergänzte Kanalisierung des Unterlaufs des Schreiberbachs wurde weiter ergänzt.

Im Einzugsbereich des Wienflusses wurden ab 1890 vor allem die Bauarbeiten am Lainzer, Ameis- und Ottakringer Bach vorangetrieben. 1851 bis 1890 wurden insgesamt 208,547 Kilometer Kanäle um 12,3 Millionen Kronen errichtet.

Bis 1903 wuchs das öffentliche Entsorgungsnetz im nun erweiterten Wien um weitere 277,085 Kilometer an. Der Gesamtkostenaufwand für die Kanalisierung der Stadtteile innerhalb und außerhalb des Gürtels betrug in diesem Zeitraum knapp 33 Millionen Kronen.

In den Jahren bis zum Ersten Weltkrieg wurde wieder vermehrt am Ausbau des Bachkanalnetzes im Einzugsgebiet des Wienflusses gearbeitet, so an der Verlängerung der Ameisbacheinwölbung bis zur Baumgartner Höhe, am Unterlauf des Rosenbachs in Hütteldorf, am Ottakringer Bach, ferner am Lainzer, Lacken- und Marienbach im 13. Gemeindebezirk. Da die Einwölbungsarbeiten im direkten Einzugsgebiet des Donaukanals bereits sehr weit gediehen waren, konnte auf Grund des rasanten Bevölkerungswachstums in den westlichen Arbeiterbezirken jenseits der Linie nun der Bau von notwendigen Entlastungskanälen der Als- und Währinger-Bach-Einwölbungen forciert werden.

Kanalisiert wurden auch kleinere, völlig unbekannte Bäche, wie 1904 der sogenannte Multikaulifelder Bach, ein Gerinne im Einzugsgebiet des Nesselbachs, welcher nahe dem Gut Cobenzl entsprang und ab 1909 auch die Abwässer des Schlosses abführte.

Abb. 10, Das Spülbecken der Lainzer-Bach-Einwölbung in Lainz um 1910

Abb. 11
Regenauslass Lainzer
Bach während eines
Starkregenereignisses
in den Wienfluss

Mit zunehmendem Wachstum der Stadt verlagerte sich ab 1900 die Einwölbung der Wasserläufe immer mehr an die Grenzen des Wiener- waldes und leitete die flächenmäßige Rasterverbauung der Vorort- gemeinden ein. 1910 hatte die Donaumetropole die Zwei-Millionen- Einwohner-Marke weit überschritten.

Wie bereits erwähnt, ist die Geschichte der Bachkanäle Wiens eng mit der Geschichte dieser Stadt verbunden. War das Wasser der Bäche einst für das Entstehen der meisten Dörfer und Siedlungen, welche heute die Großstadt Wien bilden, eine wesentliche Vorraussetzung, so leisteten und leisten die elf großen Bachkanäle samt ihren Entlastungskanälen einen nicht unwesentlichen Beitrag zur Entsorgung derselben.

Die gesamte Einzugsfläche der eingewölbten Bäche beträgt immerhin 76,5 Quadratkilometer, das sind ca. 20 Prozent des heutigen Gemeindegebiets.

Bedingt durch die Wasserscheide des nordwestlichen Höhenrückens unterscheidet man die Bachkanäle in jene, welche dem rechtsufrig des Donaukanals verlaufenden Rechten Hauptsammelkanal zufließen, die alten Bäche flossen somit früher direkt in den alten Donauarm, und in jene, welche zuvor den beiden entlang der Wien verlaufenden Wienflusssammlern zufließen, sie mündeten früher offen in die Wien. Zur ersten Gruppe gehören von Nord nach Süd: der von der Wildgrube kommende Schreiberbach in Nussdorf, der von Grinzing über Heiligenstadt abfließende Nesselbach, der aus Sievering abgeleitete Arbesbach, der aus Neustift kommende Krottenbach sowie der Währinger Bach, welcher von Pötzleinsdorf und Gersthof kommend durch Währing abfließt und sich bei der Markthalle im Alsergrund mit dem Alsbach, welcher über Neuwaldegg, Dornbach und Hernals fließend am Zimmermannplatz den neunten Gemeindebezirk erreicht, vereint.

In den Linken Wienflusssammler werden von Ost nach West abgeleitet: der vom Liebhartstal kommende Ottakringer Bach, der von Steinhof abfließende Ameisbach sowie der Rosenbach in Hütteldorf; in den Rechten Wienflusssammelkanal von Ost nach West: der Lainzer Bach, der im Lainzer Tiergarten entspringt, sowie der Marienbach aus Ober St. Veit.

Diese elf großen Bachkanäle bilden bis zum heutigen Tag die wesentliche Entsorgungssysteme zwischen dem Donaukanal und dem Höhenrücken des Wienerbergs. Im Zuge ihres Verlaufs führen sie zahlreiche kleinere Gerinne, wie zum Beispiel den Lackenbach, den Rotherdbach oder den Halterbach ab.

Abb. 12, Nesselbachspülbecken in Grinzing um 1905

Bereits zur letzten Jahrhundertwende wurde durch die große Verbau-
ungsdichte die Errichtung von großen Entlastungskanälen, etwa wie
erwähnt bei Alsbach und Währinger Bach, aber auch beim Ottakringer
Bach notwendig, um der Gefahr von Überschwemmungen bei Starkregenereignissen nachhaltig zu begegnen.

Durch die Fertigstellung der zweiten Wiener Hochquellwasserleitung
und der Errichtung einer leistungsfähigen Kanalisation waren die
schweren hygienischen Missstände als Ursache von Seuchen und
Epidemien gebannt und die infrastrukturelle Voraussetzung für das
Gedeihen einer Großstadt gegeben.

Das Erscheinungsbild der alten Dörfer und Hauergemeinden änderte
sich durch die Einwölbungen sehr rasch, die Stadt begann sich nun bis
in den Randbereich des Wienerwaldes auszudehnen.

Abb. 13, Der Oberlauf des Arbesbachs in Sievering um 1960

War im ausgehenden Biedermeier die Inangriffnahme der Bacheinwölbungen ein ungeheurer hygienischer Fortschritt, so wurde im einsetzenden Industriezeitalter der Gründerzeit deren Verlängerung zu
einer sanitären Notwendigkeit.

Zweifellos würde man heute, im Zeitalter von Renaturierung und Rück-
bau, die Probleme anders lösen, damals war es jedoch der ungebrochene Glaube an die Technik, dem man Tribut zollte.

Abb. 14, Der Oberlauf des Arbesbachs in Sievering um 1960

Und so leben diese alten Bäche heute lediglich weiter in Straßennamen und Ortsbezeichnungen dieser Stadt. Ganz weit draußen im Grüngürtel von Wien kann man noch ihre Reste finden, dort gibt es noch einen Alsbach, einen Schreiberbach oder einen Sieveringer Bach.

Vielleicht regt die vorliegende Arbeit auch dazu an, selbst diese Reste zu suchen und ein Stück „Alt Wien" neu zu entdecken.

Abb. 15 und 16, Idyll am Schreiberbach, wo der 2. Satz von Beethovens Pastorale, die so genannte „Szene am Bach", entstand

Abb. 17, Der Arbesbach in seinem Oberlauf in Sievering

EIN DONAUARM VERSANDET – ALS DIE BÄCHE LÄNGER WURDEN

In Zusammenhang mit dem Überblick über das Entstehen der Bachkanäle sei an ein ehemaliges Gerinne erinnert, das vollständig aus der Wiener Topographie verschwunden ist. Gemeint ist der so genannte Döblinger Bach, welcher keinesfalls mit dem im Weiteren beschriebenen Krottenbach, der ja Döbling einst durchfloss, ident ist. Aus diesem Grund soll sein ehemaliger Verlauf kurz an dieser Stelle beschrieben werden.

Das Einzugsgebiet des Döblinger Bachs lag zwischen dem der Als- und des Währinger Bachs und dem des Krottenbachs.

Folgt man auf alten Stadtplänen dem Gerinneverlauf bachaufwärts, so kann man den Bach von seiner Einmündung in den Donaukanal, welche sich ungefähr im Bereich der heutigen Tepserngasse befand, im Wesentlichen entlang der Althanstraße und der Augasse, jedoch bereits im Bereich der heutigen Wirtschaftsuniversität bis zum seinerzeitigen Linienwall zurückverfolgen. In weiterer Folge muss die Verbindung in die Billrothstraße wohl in Höhe der Devrient- oder Glatzgasse gesucht werden. Hier ist der Bach entlang der Billrothstraße bis zum so genannten Währinger Spitz verlaufen, wie die Dreiecksfläche zwischen der Billrothstraße und der einmündenden Gymnasiumstraße einst bezeichnet wurde. Sein Quellgebiet dürfte sich im Bereich des heutigen Cottageviertels befunden haben.

Auf dem Stadtplan von Röscher 1806 ist deutlich noch ein zweiter Lauf eingezeichnet, welcher von Seiten des Donaukanals kommend dem Gerinne noch vor dem Linienwall zufloss. Dieser Seitenarm fehlt auf der von Robert Messner wieder veröffentlichten k. u. k. Katasteraufnahme der Vororte aus dem Jahr 1819. War er zwischenzeitlich ausgetrocknet?

Der Unterlauf des Döblinger Bachs wurde vermutlich kurz vor 1850 kanalisiert. Auf dem bei Artaria 1850 erschienenen Stadtplan, welcher die Einteilung der Gerichtsbezirke darstellt, ist anstelle des Gerinnes bereits die so genannte Schmiedgrabenstraße sichtbar.

Die Althanstraße trug früher gleich der Porzellangasse die Bezeichnung Schmiedgasse, jedoch mit der Beifügung Große- oder Untere-.

Abb. 18, Nussdorf von der Brigittenau, nicht näher
bezeichneter Stich, vermutlich frühes 19. Jahrhundert

Dies dürfte zur Namensgebung Schmiedgraben für den neuen Straßenzug am ehemaligen Unterlauf des Döblinger Bachs geführt haben,
was nicht mit dem Rossauer Schmidtgraben verwechselt werden darf.

Der Einwölbung des Unterlaufs des Döblinger Bachs ging die Durch-
trennung und Ableitung des Oberlaufs in Richtung Donaukanal voraus,
welcher südlich des seinerzeitigen Maschinenhauses der ab 1841
bereits in teilweisen Betrieb befindlichen Kaiser-Ferdinands-Wasser-
leitung verschwand, ohne den Vorfluter zu erreichen. Ob er in den
schotterhältigen Böden der Spittelau einfach versiegte, oder für den
Betrieb des Maschinenhauses benötigt wurde, kann heute nicht mehr
rückverfolgt werden.

Seit 1965 befindet sich auf dem Gelände dieser auf Veranlassung von
Ferdinand I. errichteten Anlage das Areal der Müllverbrennungsanlage
Spittelau.

Interessant ist in diesem Zusammenhang auch ein Blick auf die Ent-
wässerungskarte der MA 30 – Wien Kanal.

42

Der von der Billrothstraße kommende vor 1890 errichtete Wolfs-grabensammler folgt im Wesentlichen der Trasse des abgeleiteten Oberlaufs des Döblinger Bachs und entwässert ein Einzugsgebiet von 138 Hektar, während der untere Bereich für die Trasse der 1911 fertig gestellten Währinger-Bach-Entlastung herangezogen wurde. So hat sich jenes kurze, längst vergessene und versiegte Gerinne im Netz der Wiener Kanalisation zweifach erhalten.

Der Döblinger Bach bietet auch Gelegenheit, kurz die Veränderungen der Donaulandschaft im gegenständlichen Bereich darzustellen, welche letztendlich einen nicht unwesentlichen Einfluss auf die Mündungsverläufe der nordwestlichen Wienerwaldbäche in den Vor-fluter hatten.

Beim Studium und Vergleich alter Pläne kann man feststellen, dass der Unterlauf in Althan die wohl letzte Erinnerung an den alten, südlichsten Donauarm, den so genannten Salzgries oder Nussdorfer Arm, darstell-te, dessen Rest er bildete. Mit der Austrocknung des Altarmes verlängerte sich der Bachlauf und verlief entlang der alten Uferkante. Der Salzgriesarm war einer von fünf historischen Donauarmen. Nördlich von ihm flossen der Wiener Arm, das Fahnenstangenwasser, das Kaiserwasser sowie der Floridsdorfer Arm. Im Laufe der Jahrhunderte wandte sich die Donau immer mehr von der Stadt ab und verlagerte ihren Hauptabflussbereich Richtung Norden. Der wasserreichste Arm, der Floridsdorfer Arm, ist noch in Ansätzen in der heutigen alten Donau erhalten.

Der Salzgriesarm war noch zur Römerzeit schiffbar und verlief in etwa von Nussdorf, wo er vom so genannten Wiener Arm abzweigte, entlang der Linie Heiligenstädter Straße – Liechtenwerder Platz und in

Abb. 20

Der Burgfriedsplan von 1670 stellt die Mündung des Salzgriesarmes
in den Wiener Arm bereits oberhalb der heutigen Friedensbrücke dar

weiterer Folge an der Liechtensteinstraße am Fuß des Höhenrückens der damaligen Stadt zu, welche er über den Salzgries beim Morzinplatz erreichte. Hier mündete der Altarm auch wieder in den ehemaligen Wiener Arm ein, der im Wesentlichen dem heutigen Donaukanal entsprach.

Der Gefällsbruch ist im beschriebenen Verlauf heute vor allem zwischen Nussdorfer Straße und Liechtensteinstraße noch sichtbar.

Besonders gut ist der Abfall von der Stadtterrasse zum ehemaligen Donautal vom Morzinplatz in Blickrichtung Ruprechtskirche zu erkennen. Auch trifft man immer wieder auf alte Namen, welche aus dieser Zeit stammen. Maria am Gestade oder Fischersteig gehören wohl zu den bekanntesten.

Zwischen den beiden Donauarmen lag der so genannte Obere Werd, welcher die Bereiche der Spittelau, der Brigittenau und der Klosterneuburger Au (die später auch Halterau oder Mooslacke genannt wurde) umfasste.

Im Zuge der Errichtung der mittelalterlichen Stadtmauer durch die Babenberger und der damit verbundenen Stadterweiterung wurde der Nussdorfer Arm vor der Stadt abgeleitet und erreichte seit dem Mittelalter den Rabensteig nicht mehr. Gleichzeitig begann der Wasserlauf durch die vorher beschriebene Verlagerung der Donau nach Norden immer stärker zu versanden, seine Mündung rückte ständig weiter stromaufwärts. Gegen Ende des 17. Jahrhunderts war sie bereits oberhalb der heutigen Friedensbrücke.

Die kolorierte Handzeichnung über die „Burgfriedsgrenzen von Währing, Döbling und der Spittelau mit Darstellung der Vorstädte Alservorstadt und Rossau sowie des Donauarmes vom Neutor aufwärts bis zur Einmündung des Donaukanals" aus dem Jahr 1670 zeigt uns diese Situation.

Reicht die Darstellung des „Burgfriedsplans" von 1670 an seinem nördlichen Ende gerade bis zur Krottenbacheinmündung, so gibt uns die 1663 veröffentlichte kolorierte Handzeichnung des Oberst Priami einen Überblick über das gesamte nordwestliche Donauufer Wiens.

Der Nussdorfer Arm wird gleich der drei Jahre jüngeren Zeichnung oberhalb der Friedensbrücke dargestellt, die Alsbacheinmündung existiert wie schon im Burgfriedsplan in ihrer verlängerten Form.

Die nördlicher einmündenden Bäche sind hier noch in ihrem ursprünglichen Verlauf dargestellt, sowohl Krotten- als auch Nessel- und Schreiberbach fließen noch direkt aus ihrem Tal kommend in den alten versandenden Donauarm ein.

Die Versandung der stadtnahen Donauarme war immer schon ein Hauptproblem für die Schifffahrt. An der Wende zum 18. Jahrhundert wurde im obersten Teil der Wolfsau deshalb ein eigener Durchstich zum Donauhauptstrom hergestellt, welcher die Schiffbarkeit des Wiener Armes, also des Donaukanals sicherstellen sollte. Die Tage des alten Donauarmes waren gezählt.

1706 ist der Salzgriesarm bereits mit relativ schmalem Bachbett dargestellt. Der Bereich des späteren Döblinger Bachs ist schon gut sichtbar.

1707 bis 1712 erstellte der Nürnberger Johann Baptist Homann den Plan „Prospect und Grundriss der kayserl. Residenz-Stadt Wien mit negst anliegender Gegend ", welcher uns einen guten Eindruck der Situation zu Beginn des 18. Jahrhunderts vermittelt.

Der Durchstich zwischen Hauptarm und dem späteren Donaukanal wurde bereits durchgeführt, der Nussdorfer Arm durch einen Damm vom Fließgewässer abgetrennt. Der lange Sporn, bei der Abzweigung des „Wiener Kanals" in Nussdorf errichtet, sollte ein Versanden des späteren Donaukanals verhindern. Die Halterau und die Spittelau waren noch Inselbereiche, der alte Arm mündete oberhalb der Als in den Kanal ein.

In den Pestjahren 1678 und 1713 wurde auf der Insel Spittelau bekanntlich noch ein Quarantänespital geführt.

1836 bis 1837 wurde der letzte Rest des alten Donaubettes auf der Halterau zugeschüttet. Erhalten blieb nur ein reguliertes Gerinne, welches wohl auch zur Bewahrung der später dort entstandenen Küchengärten diente. Wo kam dieser Wasserlauf her?

46

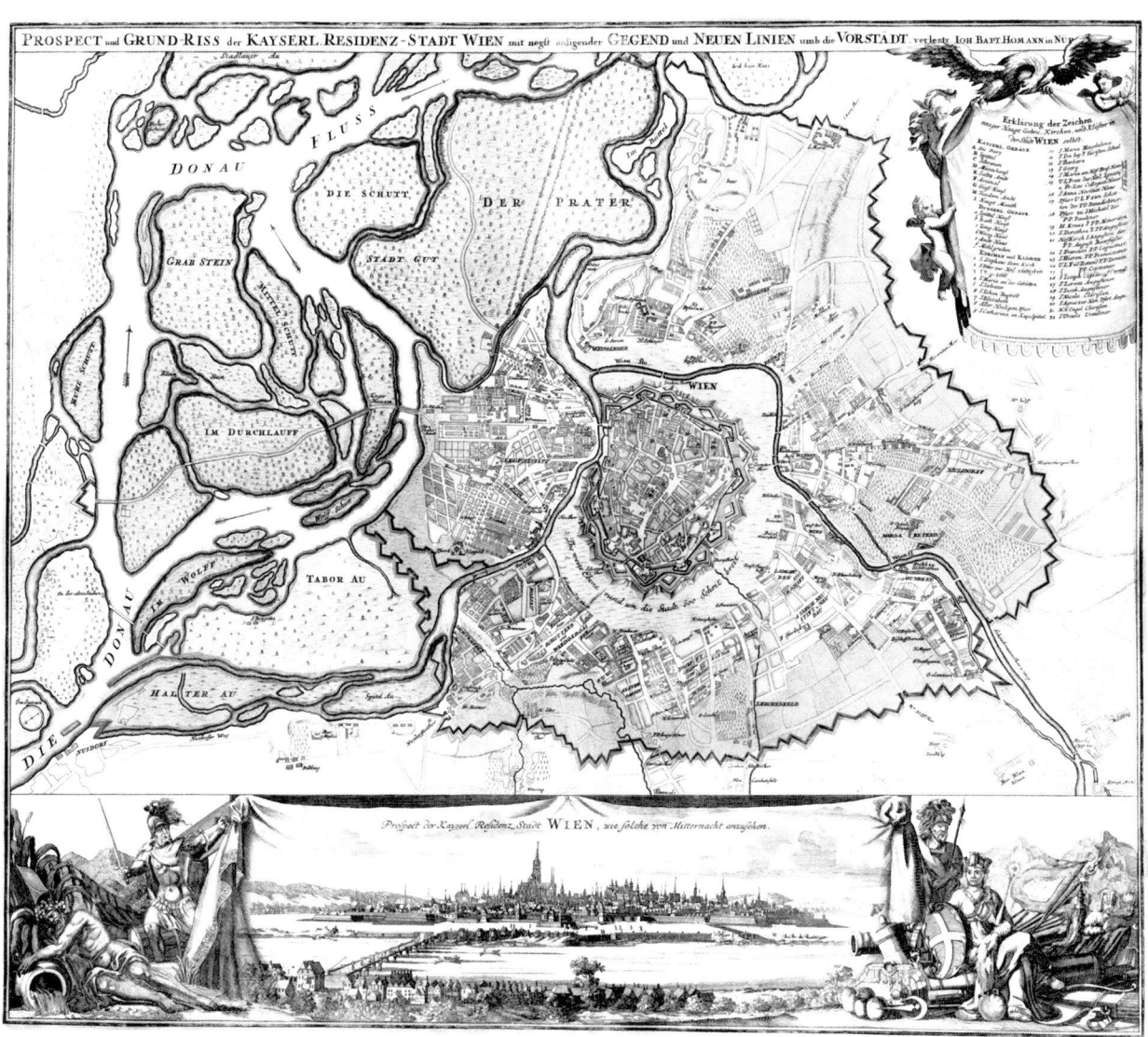

Abb. 21, Plan von Wien, J. Baptist Homan, Nürnberg 1707–1712

Der linke untere Teil des Plans zeigt den alten Salzgriesarm, welchen die Halterau vom heutigen Donaukanal trennt. Gut ersichtlich ist auch der lange Sporn bei der Abzweigung vom Donauhauptstrom. Der Salzgriesarm ist vom Hauptstrom abgetrennt

Der Versandung des alten Donauarmes verdanken die Wienerwald-bäche eine Verlängerung ihrer Unterläufe, die auf alten Plänen gut erkennbar ist, wenngleich die Lage der Einmündungsbereiche in die Vorflut (Donaukanal) je nach Bedarf des Öfteren korrigiert wurde.

Die vom Liechtental bekannte Tatsache, dass die Als, deren Mündung in den Salzgriesarm einst an der Kreuzung Boltzmanngasse – Liechten-steinstraße bestand, auf Grund der künstlichen Verlängerung nun

Abb. 22
Der Nesselbach oder
Grinzinger Bach
vor der Einmündung
in das Spülbecken

topographisch höher lag als das vertrocknete Gebiet des alten Donauarmes, brachte große Überschwemmungskatastrophen mit sich, die
nicht selten auch Anlassfall für Seuchen und Epidemien waren. In der
Pfarrkirche Liechtental ist noch heute eine Hochwassermarke aus dem
Jahr 1830 zu sehen.

Die Versandung des Nussdorfer Armes bewirkte beim aus Grinzing
über Heiligenstadt abfließenden Nessel- oder Nestelbach eine Verlegung seiner Mündung nach Süden bis nach Döbling.

48

Nach Durchfließen der Mooslacke, wie der sumpfige Überrest des Altarmes zwischen Nussdorf und der heutigen Gürtelbrücke im Bereich Donaukanal und Heiligenstädter Straße auch bezeichnet wurde, führte sein Gerinne bis nur wenige Meter oberhalb des Krottenbachauslaufs im Bereich der heutigen Heiligenstädter Lände ONr. 27b, wo es in den Donaukanal einmündete.

Diese Situation ist auf dem „Plan der Leopoldstadt, eines Theiles der Stadt Wien und denen an der Donau liegenden Vorstädten …" aus dem Jahre 1780 dargestellt. Hier ist sogar eine gemeinsame Ausmündung der beiden Wasserläufe dargestellt.

Im Vermessungsplan des k. u. k. Katasters von 1819 ist ausschließlich ein bereits regulierter, geradliniger und schmaler Wasserlauf in diesem Bereich nachweisbar. Dies wird auch in den Projektplänen zur Krottenbacheinwölbung 1887 noch belegt, wo das kanalisierte Gerinne unmittelbar neben der Mündung des Krottenbachs dargestellt wird.

Franz Xaver Schweickhardt wiederum zeigt in seiner 1830 bis 1846 erstellten Niederösterreich-Perspektivkarte eine Ausmündung in der verlängerten Grinzinger Straße, stellt jedoch auch gleichzeitig eine Verbindung zur Mooslacke dar. Eindeutig ist auch hier ein geradliniger Verlauf, der in Kenntnis der oben angeführten Tatsachen als Gerinne gedeutet werden kann, auf der Halterau ersichtlich, welches bis zur Mündung des Krottenbachs führt.

Die kolorierte Lithographie des Anton Ziegler aus dem Jahre 1858 zeigt uns ebenfalls die Nesselbachausmündung direkt neben der des Krottenbachs. Eine zweite Ausmündung in Heiligenstadt, wie bei Schweickhardt, ist hier nicht ablesbar.

Noch ein historischer Wasserlauf mündete von Norden kommend in den verlängerten Nesselbach auf der Mooslacke ein. Ziegler bestätigt auch die in der Aufnahme durch den k. u. k. Kataster 1819 gezeigte Darstellung einer Ableitung des Schreiberbachs in den Nesselbach.

Demnach mündete für geraume Zeit das Nussdorfer Gerinne unterhalb der heutigen Kreuzung Boschstraße und Grinzinger Straße in den Heiligenstädter Wasserlauf.

Auch das dürfte ein Ergebnis des ausgetrockneten Donauarmes sein, welcher für alle heute eingewölbten nordwestlichen Wienerwaldbäche den Vorfluter darstellte.

Die landläufige Meinung, der in der Wildgrube entspringende Schreiberbach habe einst in Verlängerung der Greinergasse über den Nussdorfer Platz offen den Vorfluter erreicht, konnte im Zuge dieser Arbeit nicht bestätigt werden. Vielmehr kommt man bei näherer Auseinandersetzung mit dem Thema zwangsläufig zur gegenteiligen Auffassung. Zwar zeigt der Plan von Oberst Priami aus dem Jahr 1663 eine geradlinige Ausmündung, dies könnte jedoch auch auf eine Zeichenungenauigkeit zurückzuführen sein, wie dies ja auch bei anderen alten Karten vorkommt. Dagegen spricht vor allem die Tatsache, dass sich seit der ersten Hälfte des 15. Jahrhunderts an der Ecke der heutigen Greinergasse 28 und Sickenberggasse 1–3 – also an einer Örtlichkeit, welche keinesfalls eine geradlinige Ausmündung erlaubt – der Bestand der „Oberen Mühle" nachweisen lässt.

Unmittelbar unterhalb befand sich in der Sickenberggasse 5 die „Untere Mühle". Hier war im Biedermeier übrigens auch der Stellwagenplatz nach Wien. Das gesamte Areal dient seit den 60er Jahren einer Wohnhausanlage der Stadt Wien.

Es muss also einst ein Gerinne ab der Kreuzung der Zahnradbahnstraße mit der Greinergasse entlang der Tiefenlinie hinter dem Häuserkomplex Greinergasse und Sickenberggasse abgeflossen sein. Ein Blick durch das geöffnete Einfahrtstor einer elektrotechnischen Versuchsanstalt an der Ecke der Kahlenbergerstraße zur Greinergasse lässt uns den tiefen ehemaligen Geländeverlauf noch gut erkennen.

Nun wäre diese Tatsache sicher kein Beweis für die alte Trasse des Schreiberbachs, denn die Ableitung von künstlichen Bächen zum Betrieb von Mühlen ist seit alters her bekannt.

Es gibt jedoch einen eindeutigen Hinweis darauf, dass zumindest seit dem frühen 19. Jahrhundert der Bach selbst und kein abgeleitetes Gerinne zu den Mühlen geflossen ist.

Die Aufnahme des wieder veröffentlichten k. u. k. Katasters aus dem Jahre 1819 bestätigt die erwähnte These, stellt sie nämlich den Schreiberbach bis zu oben besagter Kreuzung offen dar, danach verschwindet das Gerinne, um, nachdem es einen kleinen, künstlichen Teich durchflossen hatte, nach der Sickenberggasse die heutige Heiligenstädter Straße wieder offen zu queren.

Der weitere Bachlauf ist dann über die Bachofengasse bis kurz vor die Eisenbahnstraße und in der Folge entlang der Franz-Josefs-Bahn bis zur Grinzinger Straße zu suchen. Wie erwähnt, mündete der Schreiberbach an dieser Stelle in den verlängerten Nesselbach ein.

Da nicht davon auszugehen ist, dass vor dem Schreiberbach selbst ein künstliches Gerinne zum Betrieb der Mühlen gedient haben könnte, ist der Bachverlauf über die Greinergasse seit Bestehen der Mühlen sehr wahrscheinlich. Dienlich könnte jedoch ein zusätzlicher Beweis für die Existenz des Schreiberbachs in der Greinergasse sein. Zu klären war also die Frage, ob es heute noch einen Hinweis auf die alte Trassenführung des Bachs in der Greinergasse gibt, welcher die Darstellung des Katasters bestätigen könnte.

Die einschlägige Literatur berichtet, dass die ersten Einwölbungsarbeiten in Zusammenhang mit der Errichtung der Franz-Josefs-Bahn in den sechziger Jahren des 19. Jahrhunderts getätigt wurden. Dies kann jedoch nur den Bereich zwischen Nussdorfer Straße und dem Donaukanal umfasst haben, da gemäß Unterlagen über die Errichtung des Schreiberbachkanals von 1884 der neue Kanal an einen bestehenden, unter dem Gleiskörper verlaufenden älteren Vorfluter angeschlossen wurde, welcher unmittelbar nach der Restauration der Brauerei Nussdorf endete. Die Gaststätte wurde 1888 abgebrochen und befand sich vor dem stadtauswärtigen Teil der Station Nussdorf.

Im Längsschnitt dieses neuen Kanalprojekts ist anstelle der Straße eine bestehende Brücke dargestellt, die teilweise aus Holz, teilweise aus Eisen bestand und ein eineinhalb Meter tiefes Gerinnebauwerk überspannte.

An dieses schloss am Hauptplatz ein 36 Meter langer, ca. 2 Meter breiter Einlauf an, welcher zur Entsorgung von Unrat aller Art für die Bevölkerung gedient haben dürfte. Das war der Altbestand vor Inangriffnahme der neuen Bauarbeiten.

Da zum Zeitpunkt der Projekterstellung 1884 weder die Einwölbung des Schreiberbachs noch dessen Anschluss an den Kanal nachgewiesen werden kann, handelte es sich bei den Kanalisationsarbeiten in Zusammenhang mit der Franz-Josefs-Bahn mit Sicherheit um keine Einwölbung des Schreiberbachs, dieser floss ja zu dieser Zeit noch zu den Mühlen ab.

Die Bacheinwölbung selbst wurde gemäß Archiv der MA 30 – Wien Kanal erst 1885 mit der Fertigstellung des ca. 445 Meter langen Kreisprofils in den Durchmessern von 1,90 Meter und 1,40 Meter und der Ableitung des Schreiberbachs über den Hauptplatz hergestellt.

Der neue Kanal führte bis nach dem Stationsgebäude der Zahnradbahn auf den Kahlenberg, wo eine Unterführung unter der Bahntrasse errichtet wurde. Heute befindet sich hier die Endhaltestelle der Linie D. Ist auch die 1874 eröffnete 5,5 Kilometer lange Ausflugsbahn auf den Hausberg der Wiener seit 1920 wieder verschwunden, so blieb das Einlaufbauwerk des Schreiberbachs an derselben Stelle erhalten.

Ab dem Zeitpunkt der Fertigstellung des neuen Kanals und der Ableitung über den Hauptplatz 1885 wären die Räder in der Mühle wohl stillgestanden, hätte nicht ein erworbenes Wasserrecht die Ableitung eines Gerinnes zum weiteren Betrieb gestattet. Und erst ab diesem Zeitpunkt ist zum Zweck des Betriebs auch die Existenz eines Mühlbachs anstelle des Hauptgerinnes nachweisbar.

Gemäß Lageplan folgte der neue Mühlbach der Einwölbung ebenfalls bis zur Greinergasse, wo er ober Tag endete und gleich dem alten Bach unterirdisch den Mühlen zugeleitet wurde. Damit wäre die Auflistung der bekannten Tatsachen bereits zu Ende, hätte nicht ein unscheinbares zusammengelegtes Papier mit der Aufschrift „Wasserrecht Rendl, Grätzmühle", welches durch Zufall im Zuge der Nachforschungen im Archiv der MA 30 – Wien Kanal aufgetaucht ist, mehr Licht ins Dunkel um den ehemaligen Bachverlauf gebracht.

Eine verſinkende Größe.

Ansicht von der Donauseite

Ansicht vom Hauptplatz

Das Schlößchen, das wir heute im Bilde vorführen, kennt jeder Wiener; es ist ein Wahrzeichen des freundlichen Nußdorf geworden. Ein gar seltſames Bauwerk, ſchließt es den Hauptplatz gegen die Donau zu ab. Nun wird es alsbald verſchwinden und das einſtige Herrenſchloß iſt heute ein überflüſſiges Verkehrshinderniß, das demolirt werden muß.

Das Haus, das heute verödet daſteht, wurde vor etwa 200 Jahren von einem Grafen Lambrecht als Jagdſchloß erbaut. Es ſtand damals hart an der Donau, mitten in freundlichen, von Wild reich bevölkerten Auen. Carl VI., Maria Thereſia und Kaiſer Joſeph II.

weilten oft hier, um an den Jagden theilzunehmen. Als das Kloſter in Nußdorf aufgehoben und in eine Kaſerne und endlich in ein Brauhaus umgewandelt wurde, kaufte der Gründer des Brauhaufes das einſtige Jagdſchloß und errichtete darin eine Reſtauration, worauf er auch den Bockkeller, der damals noch nicht jene coloſſale Ausdehnung hatte, eröffnete.

Viele Decennien lang diente das einſtige Jagdſchloß den Ausflüglern zur frohen Raſtſtätte, um ſich dort an dem dunklen oder lichten Naß zu ergötzen, welches das Nußdorfer Brauhaus erzeugt. Bei der Anlage der Dampftramway zeigte ſich dieſes Gebäude

als ſehr läſtiges Hinderniß und die Nußdorfer Brauerei erbaute das erſt kürzlich vollendete ReſtaurationsGebäude, eine bauliche Sehenswürdigkeit, die vor wenigen Wochen Ziel einer Excurſion des Gewerbe-Vereines geweſen iſt. Nun iſt das Lambrecht'ſche Jagdſchloß vollkommen überflüſſig geworden und nächſtens wird der Demolirer erſcheinen, um mit rauher Hand den Bau, der ſich einſt ſtolz in den Fluten der Donau ſpiegelte, zu zerſtören. Unſer heutiges Bild zeigt die verſinkende Größe von zwei Seiten, von der Donau und dem Hauptplatze aus geſehen.

Abb. 23

Die alte Restauration, Nussdorf, vor 1888

Bei näherer Betrachtung handelte es sich um einen Situationsplan aus dem Jahr 1902 über eine Nutzwasserleitung zur Versorgung der Mühle des Josef Rendl aus Nussdorf, welche ident mit dem alten Mühlenbauwerk war und im Blattinneren als Gekrätzmühle bezeichnet wurde.

Diese in einem Ziegelkanal 0,30/0,30 Meter sowie 0,60/0,40 Meter verlaufende Leitung zweigte vom Schotterfang der Schreiberbacheinwölbung ab und floss der Greinergasse zu.

Abb. 24
Die Rossau 1827 von Carl Graf Vasquez.
Gut erkennbar von links nach rechts:
der Rossauer Schmidtgraben, die Als mit Einmündung
Währinger Bach sowie der Döblinger Bach

Es handelte sich zweifelsfrei um den mittlerweile kanalisierten Mühlbach aus dem Jahre 1885. Das Interessante an dieser Darstellung war jedoch, dass der Plan auch den weiteren Verlauf darstellte. Demnach floss der Mühlbach an der Kreuzung Zahnradbahnstraße mit der Greinergasse in einen Absturzschacht und mündete von da in ein altes, großes Ziegelprofil mit der Bezeichnung „alter Bachkanal" ein. Damit war der ehemalige Schreiberbachverlauf gefunden.

Dieses begehbare Ziegelgewölbe hatte eine Wandstärke von 0,45 Meter und war 1,90 Meter hoch. Die Breite wird im Plan mit über zwei Meter angegeben, ist jedoch im bezeichneten Maßstab 1:20 nur mit 1,50 Meter eingezeichnet. Der alte Bachkanal hatte keine eingebaute Sohle, sondern bestand nur aus Wänden und dem Gewölbe. Anstelle der Fließsohle stand über dem symbolisch gekennzeichneten Naturboden der Vermerk *alte Bachsohle*. Dem Querschnitt nach hatte die Einwölbung an der Kreuzung mit der Zahnradbahnstraße bloß eine Überdeckung von ca. 30 Zentimeter. Der eingewölbte Bach verlief die Greinergasse bis ONr. 32, bog in diese Realität ein, welche er der Länge nach unter der damals bestehenden Baulichkeit bergab führte, um mit einem Rechtsbogen die Realität ONr. 30 querend am hofseitigen Ende der Mühle die an das Grundstück ONr. 30 grenzende so genannte Radkammer zu erreichen. Nach dem Durchfließen derselben mündete der Wasserlauf in einen Ablauf, welcher in den 1901 in der Sickenberggasse errichteten Straßenkanal abfloss.

Seither hat sich die Gegend entscheidend geändert. Der Bereich der alten Radkammer liegt heute im Park der Gemeindebauanlage Sickenbergasse ONr. 1–5. Durch das alte Grundstück mit der ONr. 32 verläuft nun der untere Teil der Kahlenbergerstraße. Das alte Ziegelprofil wurde im Zuge eines späteren Kanalbaus abgebrochen und existiert heute nicht mehr. Lediglich in den Abrechnungsplänen der bestehenden Kanäle in der Greinergasse und in der Sickenberggasse ist ein Mehraushub zum Abtrag des alten Schreiberbachkanals vermerkt.

Das Auffinden der Einwölbung bestätigte also die Vermutung, dass der alte Schreiberbachverlauf nicht über den Nussdorfer Platz, sondern über eine ehemalige Tiefenlinie zur Sickenberggasse zu suchen war, zumindest seit Bestehen der oberen Mühle und damit seit dem 15. Jahrhundert.

Gleich wie im Kapitel über den Krottenbach noch zu beschreiben sein wird, wurde der Bach an einem neuralgischen Punkt eingewölbt und anschließend überschüttet. Vermutlich stellte er in der ehemals sehr schmalen Greinergasse ein Verkehrshindernis dar. Ein, wenn auch sehr früher Verlauf in Verlängerung der Greinergasse zum Nussdorfer Platz ist damit nicht grundsätzlich auszuschließen, rückt jedoch in den Bereich des Unwahrscheinlichen.

Künstliche Veränderungen am Verlauf von Wienerwaldbächen sind im Wiener Raum, wie bereits beschrieben, schon seit dem Mittelalter nachweisbar, im Nordwesten wurde aber dieser Umstand durch die Veränderung der natürlichen Vorflutverhältnisse noch um eine interessante Facette bereichert.

DIE ALS – DIE GESCHICHTE EINES WASSERLAUFS

DER GEGENWÄRTIGE UND EHEMALIGE BACHVERLAUF

Die Als, auf Stadtkarten manchmal auch als Dornbach bezeichnet, entspringt an der Wasserscheide der Einsattelung zwischen der „Steinernen Lahn" und des Dahabergs im Gebiet des Schottenwaldes. Durch den so genannten „Kaiserzipf" wird ihr Oberlauf in zwei Arme getrennt, welche nächst der Spitzwiese zusammenfließen, um von da an einen Wasserlauf zu bilden. Ihr südlicher Teil dient anfänglich als Grenze zwischen Wien und Niederösterreich. In weiterer Folge ist der Alsbach bis zur Amundsenstraße Bezirksgrenze von Hernals und Penzing.

Abb. 25, „Abriss" von Wien. Stich von F. v. Alten-Allen, 1683.
Der Unterlauf des Alsbachs mit Einmündung in den Donaukanal
ist links gut ersichtlich

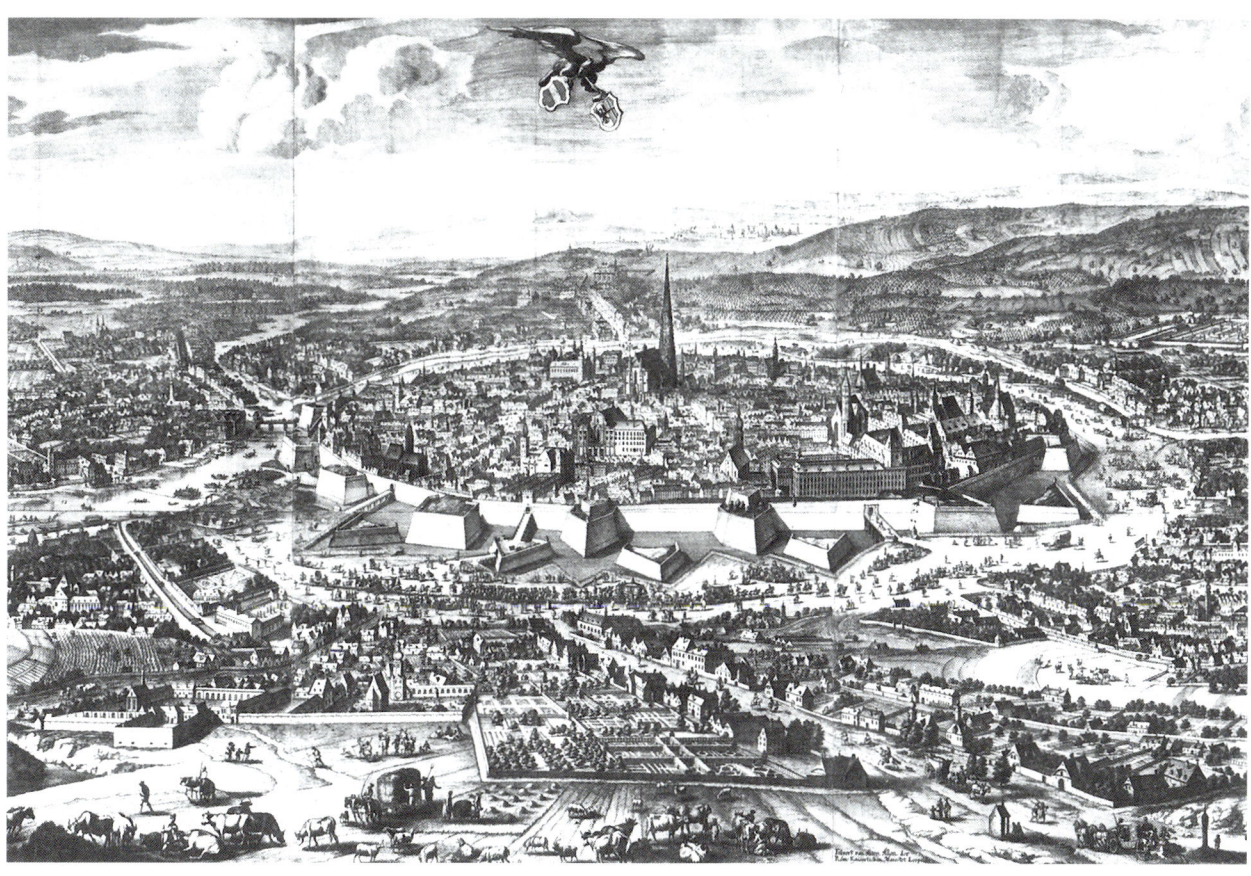

Hier quert die Als den Straßenzug und fließt unweit der Neuwaldegger Straße der Marswiese zu. Im bestehenden Spülbecken in Neuwaldegg vereinigt sich der Wasserlauf mit dem nächst des Roten Kreuzes auf dem Exelberg zutage kommenden Eck- oder Parkbach, der den Schwarzenbergpark durchfließt und nahe der Höhenstraße die Neuwaldegger Straße quert.

Ein Großteil der Niederschlagswässer der Steinernen Lahn, des Daha- und des Exelbergs, des nördlichen Heubergs und des Schottenwaldes werden so der bestehenden Einwölbung zugeführt. Damit endet der heute noch ober Tag befindliche Alsbach, um seinen weiteren Weg als Bachkanal fortzusetzen und die Rekonstruktion des ehemaligen Verlaufs bis zur Einmündung in den Donaukanal beginnt.

Seit undenklichen Zeiten hat der Bach die Entwicklung dieses Tals zwischen Heu- und Schafberg entscheidend beeinflusst. Obwohl heute in die Unterwelt Wiens verbannt, sind zahlreiche Erinnerungen an seinen Namen geblieben, vom Alsrücken bis zum weithin bekannten Tropfen, dem Goldenen Alsegger. Nur er selbst ist verschwunden, genauso wie jenes geheimnisvolle Königreich der Slawen, welches um 650 n. Chr. unter ihrem König Samos das Wiener Becken zu einem Teil eines westslawischen Reichs gemacht haben sollen und diesem uralten Wasserlauf den Namen „Erlenbach" gaben. Es liegt also gar nichts Wienerisches in der Bezeichnung Als und dennoch gehört sie zu den ureigensten Namen der Wienerstadt überhaupt.

Von jener Stelle an, wo die Als den Parkbach aufnimmt, floss der Bach durch Gärten der heutigen Neuwaldegger Straße zu, wo er im Kreuzungsbereich mit der Artariastraße, der ehemaligen Salmannsdorfer Straße, den nunmehr im Unterlauf ebenfalls eingewölbten Kräuterbach aufnahm, welcher heute noch der Einwölbung teilweise die Niederschlagswässer des Gränbergs, des Dreimarksteins, sowie des Michaeler- und Schafbergs zuführt. Dieser im Bereich Siedlung Hügelwiese entspringende Wasserlauf quert zunächst den so genannten „Tiefenmais", die Höhenstraße, und verläuft bis zur Verbauungsgrenze Geroldstraße Nr. 7 bis heute ober Tag. In weiterer Folge mäandrierte das ehemalige Gerinne mehrmals zwischen Artariastraße und Geroldgasse, um an erwähntem Punkt in die Vorflut einzumünden. Hier verlief

Abb. 26
Der hart verbaute
Alsbach in seinem
Oberlauf nächst
der Neuwaldegger
Straße 1990 vor
der Renaturierung
durch die MA 45

Abb. 27, 28 und 29 (Seite 60 bis 62), Der von der MA 45 renaturierte Alsbach im gleichen Bereich 2004

Abb. 30, Beim Hanslteich ist die Als noch im Original zu sehen

das Alsbachbett entlang der seinerzeitigen Neuwaldegger Hauptstraße, wo es von der noch selbstständigen Vorortgemeinde bis zur ONr. 27 eingewölbt wurde. Von da an bog das Gerinne gegen den Fürst-Schwarzenbergschen-Park ab und floss am Fuß des Heubergs an der Schwarzenbergschen Meierei vorbei abermals der bestehenden Hauptstraße zu.

All jenen, die gerne einen Blick in die Vergangenheit werfen, sei verraten, dass an der rückwärtigen Grundgrenze der ungeraden Ordnungsnummern zwischen Neuwaldegger Straße ONr. 25 und der Endstation der Autobuslinie 43B, welche sich direkt auf dem ehemaligen Bett befindet, der alte Bachverlauf teilweise fast unversehrt erhalten ist. Durchschreitet man die Gemeindebauanlage ONr. 25 bis zum Fuß des Heubergs, deutet jedenfalls nichts auf die Tatsache hin, dass nunmehr hundert Jahre seit Kanalisierung der Als vergangen sind.

Unterhalb der Dornbacher Straße ONr. 133 also querte die Als erneut die Hauptstraße und bildete gleichzeitig die Grenze zwischen den damals selbstständigen Gemeinden Dornbach und Neuwaldegg. In diesem Bereich mündet der vom Heuberg kommende Gaißgraben in den nunmehrigen Bachkanal ein.

Dieses ehemalige Gerinne wurde im Zuge der Widmungsrealisierung und des damit verbundenen Ausbaues der Waldegghofgasse 1897 in seinem Unterlauf kanalisiert, nachdem es schon 1893 von der Katastralgemeindegrenze abwärts auf eine Länge von 65 Meter eingewölbt worden war.

An der Kreuzung Luchtengasse nimmt der jetzige Bachkanal den Luchtengraben auf, dessen Einwölbung ebenfalls 1897 durchgeführt wurde. Gemeinsam entwässern die beiden ehemaligen Wasserläufe ein Einzugsgebiet von 46 Hektar.

Auf der gegenüber der Bushaltestelle ehemals liegenden Bachtrasse wurde ein Fußweg angelegt, welcher direkt zur Endstation der Straßenbahnlinie 43 beziehungsweise zur St.-Anna-Kapelle führt. In diesen Bereichen ist der ehemalige Gerinneverlauf noch gut vorstellbar. In schleifendem Schnitt querte der Alsbach die Dornbacher Straße, verlief hinter der Häuserzeile ONr. 109–105 und bog in die ehemalige

Gemeindegasse, die heutige Knollgasse, ein. Diese Straßenkreuzungspunkte sowie der folgende bis zur heutigen Zwerngasse wurden bereits vor der Eingemeindung durch die Gemeinde Dornbach unter Tag verlegt, später jedoch von der Stadt Wien umgebaut.

Dieser Abschnitt des Alsbachverlaufs gehörte zu den beliebtesten und bekanntesten Naturschönheiten in der näheren Umgebung von Wien, weshalb auch sehr bald Sommerhäuser von adeligen und begüterten Familien in Dornbach und Neuwaldegg entstanden. Der allseits bekannte englische Park des Grafen von Lacy war ein beliebter Anziehungspunkt. Nach seinem Tod 1801 wurde der Besitz schwarzenbergisch. Besonders mit Beginn des 19. Jahrhunderts verstärkte sich der Besucherstrom derart, dass man mit gutem Recht von den ersten Sommerfrischen um Wien sprechen konnte.

Das Hotel „Zur Kaiserin von Österreich" entstand und bald schon kam ein findiger Wirt, Paul Konrath, auf die Idee, einen Stellwagenverkehr zwischen Wien und Dornbach einzurichten. Zahlreiche Feste und Bälle bildeten gewinnträchtige Großveranstaltungen. Der berühmte Wäschermadlball von Dornbach etwa war eines der gesellschaftlichen Höhepunkte jenes Dorfes an der Als.

Hinter der Wohnhausanlage ONr. 84 verlaufend schwenkte der Bach in starken Mäandern in die heutige Alszeile ein. Diese Bachschlingen reichten von der Dornbacher Straße ONr. 80 bis in die gegenüber liegende Alszeile ONr. 120. Dass sich der Trassenverlauf des Gerinnes in diesem Bereich häufig änderte, zeigt die kolorierte Lithographie des Anton Ziegler aus dem Jahre 1858, also rund 40 Jahre vor Einwölbungsbeginn dieses Abschnitts. Hier ist etwa ab der Kreuzung Zwerngasse/Dornbacher Straße noch ein zweiter, nördlicher Lauf ersichtlich, der unterhalb der Vollbadgasse wieder in den Hauptarm einmündete. Die noch 1893 gebräuchliche Bezeichnung Augasse an Stelle der heutigen Zwerngasse dürfte darauf zurückzuführen sein.

In weiterer Folge nahm der durch die Alszeile fließende Bach nahe der Vollbadgasse den ehemaligen Halterbach, welcher heute Anderbach heißt, auf. Dieser gleichnamige Wasserlauf darf jedoch nicht mit dem nahe der Rieglerhütte entspringenden Bach im Einzugsgebiet der

Abb. 31, Bäuerliches Anwesen an der Als in Höhe der Einmündung
des ehemaligen Halterbachs um 1880, heute Alszeile ONr. 99

Wien verwechselt werden. Ebenfalls üblich war die Bezeichnung
„Dornbach im Haltergraben" für den nahe des Rupertusplatzes in die
Als einmündenden Wasserlauf.

In seinem Oberlauf, im Bereich der ehemaligen Bieglerhütte, unweit
der Kreuzung Andergasse mit der Franz-Glaser-Gasse, vereint sich der
Halterbach mit dem Dornbach und wird seit 1899 als Bachkanal über
die Andergasse, vormals Pichlergasse, abgeführt.

Unterhalb der Kreuzung Andergasse mit der Braungasse schwenkte
der Bach nach rechts, durchfloss diagonal die Gartenanlagen der
seinerzeitigen Realitäten, um im Bereich der ONr. 49 die Dornbacher
Straße zu queren. Benutzt man den Fußweg, welcher die ONr. 52a
mit der Dornbacher Straße verbindet, befindet man sich auf der ehemaligen Trasse. Das etwa bei Alszeile ONr. 99 die Als erreichende
Gerinne wurde zum Zeitpunkt der Einwölbung an den Bachkanal

angeschlossen. Dieser ebenfalls kanalisierte Wasserlauf führt die Niederschlagswässer der nördlichen Abhänge des Gallitzinbergs sowie des Gemeindewaldes der nunmehrigen Einwölbung zu.

Im weiteren Verlauf querte die Als die Kreuzung Vollbadgasse, welche, früher als Badgasse bezeichnet, noch an das ehemalige Badehaus erinnert. An seiner Stelle besteht heute eine Parkanlage, in deren nördlicher Begrenzung noch ein Teil des ehemaligen Begleitweges entlang des Bachs erhalten geblieben ist. Er bindet bei der Alsgasse in die heutige Alszeile ein.

Betrachtet man Darstellungen des Biedermeiers, kann man sich die einstige Landschaft gut vorstellen. Inmitten der weiten Wiesen und Felder zwischen Hernals und Dornbach floss der Alsbach entlang des Alsrückens abseits der Verkehrswege, in unregelmäßigen Abständen an seinen Ufern mit Weiden und Erlen bewachsen, dem damaligen verbauten Vorstadtgebiet zu.

Die ehemalige Trasse führte nun gleich der bestehenden Einwölbung am Dornbacher sowie am Hernalser Friedhof vorbei. An der Kreuzung Heigerleinstraße mündete der von Ottakring über die Lobmeyrgasse kommende Rotherdbach ein. Die Als durchschnitt den heutigen Clemens-Kraus-Park, querte die nunmehrige Wattgasse und bog in die Roggendorfgasse ein, deren jetzigen Verlauf sie prägte.

In weiterer Folge führte die Trasse ab der Comeniusgasse quer durch die heute bestehende Häuserzeile, begrenzt durch Pezzigasse und Rötzergasse. Über die nunmehrige Hormayrgasse, die ehemalige Weinhauser Straße, erreichte der Wasserlauf das damalige Zentrum von Hernals, den jetzigen Elterleinplatz. Planliche Darstellungen zeigen uns, dass bis weit in die zweite Hälfte des 19. Jahrhunderts erst ab hier eine relativ dichte Verbauung einsetzte.

Die Vorstadtgemeinde Hernals entwickelte sich entlang des heute verbauten Angers zwischen Hernalser Hauptstraße und Jörgerstraße. Zweifellos leitet sich ihr Name vom angrenzenden Bach ab. Alte Schreibweisen lassen eine Verkopplung der Wörter Herr und Als erkennen. „Herrnals" war bis vor hundert Jahren noch die durchaus übliche Bezeichnung. Es war also jener Bereich der Als, welcher vormalig von

Gutsherrn und Großgrundbesitzern besiedelt war. Zum Vergleich gab es auch ein Siechenals, eine Ortschaft im Bereich Alserbachstraße und Nussdorfer Straße, welche in der Zeit der ersten Türkenbelagerung 1529 zerstört und nicht mehr aufgebaut wurde. An ihrer Stelle entstand die Vorstadt Thury im heutigen 9. Bezirk.

Der ehemalige Hauptplatz mit seinen alten, niedrigen und verwinkelten Häusern wurde durch den Bach in zwei unterschiedlich hohe Teile geschnitten, wobei jener von der Hernalser Hauptstraße kommende Teil die ehemalige Hauptstraße bildete, während die nunmehrige Straßenhälfte, auf welcher man von der Jörgerstraße aus zum Elterleinplatz gelangt, als deutlich niedrigerer Fußweg ausgebildet war. Von hier aus durchfloss der Wasserlauf die heutige Jörgerstraße, deren kurvenreicher Verlauf noch recht gut an das alte Bachbett erinnert. Mit ihren Brücken und Fußstegen, teilweise aus Holz oder aus Stein gefertigt, bot die Als ein abwechslungsreiches Erscheinungsbild.

Abb. 32, Der heutige Elterleinplatz, früher Hernalser Hauptplatz, stadtauswärts, um 1870

Auf Darstellungen des frühen 18. Jahrhunderts sind zwischen Rötzergasse und Bergsteiggasse zwei Arme ersichtlich, welche den Bereich des heutigen Jörgerbades als Insel umschlossen. Schräg gegenüber, auf Seite der ungeraden Ordnungsnummern, durchschnitt die Als diagonal das Planquadrat Bergsteiggasse – Jörgerstraße – Palffygasse – Hernalser Hauptstraße, um ab Höhe Syringgasse mittels eines Gegenbogens wieder in die Jörgerstraße einzubinden. Etwa ab der heutigen Martinstraße durchfloss die Als das weit gehend unverbaute Vorfeld des Linienwalls, welcher ab 1704 die Vorstädte von den Vororten trennte. Im Bereich Borschkegasse bis Mariannengasse sprang die Front des ehemaligen Schutzwalls, welcher später vorwiegend Steuergründen diente, bis auf Höhe Meynertgasse zurück.

Die Fläche des heutigen Stadtviertels um die Zimmermanngasse zählte damals nicht mehr zur Vorstadt, was die Strecke zwischen Hernals und der Alservorstadt vor allem optisch wesentlich vergrößerte. Dieses Gebiet, das so genannte Czermakfeld, war ein beliebter Tummelplatz der Hernalser Vorortejugend.

Vorbei am ehemaligen Brünnlbad ist das weitere Bett der Als in der Lazarettgasse zu suchen. Im Bereich Brünnlbadgasse ist im 18. Jahrhundert eine Bachschlinge, welche über die Borschkegasse wieder in die Lazarettgasse führt, nachzuweisen. Die Lazarettgasse selbst bestand einst aus einem breiten, tief eingeschnittenen Bachbett, durch welches die Als im frühen 19. Jahrhundert mit zwei Armen der heutigen Spitalgasse zufloss, welche man sich ähnlich vorstellen muss. Pläne des 17. und 18. Jahrhunderts zeigen den heutigen Kreuzungsbereich Lazarettgasse – Spitalgasse als Insel.

Die häufigen Hochwasserkatastrophen formten immer wieder neue Wasserläufe, die Als grub sich tiefer und tiefer in ihr Bett. Auf einer Breite von über 100 Meter verteilten sich die abfließenden Hochwässer und schnitten neue Ufer an. Die Als beherrschte hier eindeutig das Landschaftsbild.

Der schon erwähnte Burgfriedsplan aus dem Jahre 1670 führt uns bereits den markanten Verlauf des Alsbachbettes im Bereich der heutigen Spitalgasse vor Augen. Er zeigt uns aber auch, dass in der Gegend des heutigen 9. Gemeindebezirkes, nördlich der einstigen Insel Spittelau, bereits im 17. Jahrhundert einige Ziegelgruben bestanden.

Am nördlichen Ufer der Als wurde im ganzen Bereich der Spitalgasse ab dem 18. Jahrhundert Ton abgebaut. Die Ziegelwerke erstreckten sich bis zum Linienwall, und verschwanden erst durch die einsetzende Verbauung der Gebiete um die Mitte des 19. Jahrhunderts. Dabei erfolgte auch der Durchstich der Währinger Straße bis zum Linienwall. An der Kreuzung Alserbachstraße – Nussdorfer Straße nahm die Als den Währinger Bach auf. Sein ehemaliges Bett innerhalb der Linie ist auch heute noch gut ersichtlich. Das 1848 eingewölbte und an die Alsbacheinwölbung angeschlossene Gerinne blieb auf Grund alter Servitute unverbaut und ist fast durchwegs auf einem Fußweg zu begehen. Der Währinger Bach befand sich zwischen Fuchsthallergasse, der ehemaligen Währinger Linie, und Sechsschimmelgasse und mündete beim Stoß der Häuser Nussdorfer Straße ONr. 19 zu ONr. 21 in die Als ein. Der ebenfalls kanalisierte Wasserlauf floss von Pötzleinsdorf kommend über Gersthof, bog in Höhe der Gentzgasse nach Weinhaus ein, um von da an, den Aumannplatz querend, im heute verbauten Teil zwischen Gentzgasse und Währinger Straße die alte Ortschaft Währing zu durchfließen. Durch seine Einmündung in die Als erhöhte der Währinger Bach deren Einzugsfläche um 490 Hektar auf über 2.200 Hektar. Man kann sich leicht vorstellen, was dies während großer Unwetter für die tiefer gelegenen Vorstädte, vor allem für das Liechtental, bedeutete.

Eine Stadtkarte von 1706 zeigt uns den Währinger Bach und seinen Einmündungsbereich in die Als noch als dicht bewachsenes Biotop. Der untere Verlauf der Als bis zu ihrer Einmündung in den Donaukanal, nächst der Friedensbrücke, führte über die heutige Alserbachstraße an den Mauern des Palais Liechtenstein vorbei.

Doch das war nicht immer so. Bis ins 15. Jahrhundert mündete, wie bereits im Kapitel davor erwähnt, die Als Ecke Liechtensteinstraße – Boltzmanngasse in den so genannten Salzgriesarm der Donau. Dieser Altarm der Donau, welcher schon zu Zeiten Vindobonas die nördliche Flanke des Kastells schützte, wurde mit der Errichtung der Babenberger Stadtmauer gegen Ende des 13. Jahrhunderts vor dem nunmehri-

Abb. 33, Blick vom Hernalser Hauptplatz stadteinwärts um 1870
Der Trasse des alten Baches folgt heute die Straßenbahn durch die Jörgerstraße

gen Stadtgebiet abgeleitet und erreichte seitdem den Salzgries nicht
mehr. Die Versandung des Altarmes erwirkte die Verlängerung der
Als bis zum neu geschaffenen Donauarm, dem heutigen Donaukanal
in der Rossau. Dieser künstliche Eingriff hatte die vorhin erwähnten
Überschwemmungskatastrophen des späteren Liechtentals zur Folge.
In diesem Zusammenhang ist vielleicht interessant zu erwähnen, dass
die Vorstadt „Liechtenthal" einst eine dem Fürsten Liechtenstein
gehörende Wiese gewesen war. Die später hier erbauten Häuser
wurden „Liechtensteintal" oder einfach kurz „Liechtental" genannt.

Betrachtet man im Wien Museum, wie das Historischen Museum der
Stadt Wien heute heißt, den so genannten „Albertinischen Plan", einer
in der ersten Hälfte des 15. Jahrhunderts entstandenen kolorierten
Federzeichnung, so fällt ein Wasserlauf innerhalb der mittelalterlichen

71

Stadtmauer auf, welcher im Bereich des Schottentores das Stadtgebiet erreicht, und durch die Herrengasse und Strauchgasse in das zu dieser Zeit bereits historische Bett des Ottakringer Bachs, dem Tiefen Graben, einmündet und in weiterer Folge in einen Seitenarm der Donau, dem nunmehrigen Donaukanal, abfließt. Als am heutigen Minoritenplatz im 13. Jahrhundert eine Kirche entstehen sollte, war der bis dahin von St. Ulrich kommende und über den Minoritenplatz in die Strauchgasse und weiter in den Tiefen Graben verlaufende Ottakringer Bach im Wege und wurde kurzerhand vor der Stadtmauer in den Wienfluss abgeleitet.

In diesem Zusammenhang sei kurz auf den ehemaligen Verlauf des Ottakringer Bachs eingegangen.

Im Wesentlichen kann man davon ausgehen, dass durch die Errichtung von Kanalisationsanlagen bis tief ins Quellgebiet hinein der Ottakringer Bach in seinem gesamten Verlauf als historisch angesehen werden kann. Damit teilt er etwa das Schicksal des Ameisbachs oder des Krottenbachs. Auch hier sind nur ansatzweise Quellgebiete vorhanden, das anfallende Wasser wird jedoch bereits in nächster Nähe von Mischwasserkanälen aufgenommen und kann somit nicht mehr natürlich abfließen. Es ist also in Zusammenhang mit der weiteren Schilderung seines Verlaufs das Präteritum durchaus angebracht.

Der Ottakringer Bach entsprang (und entspringt) am westlichen Abhang des Gallitzinbergs und durchzog das Liebhartstal, wo er einige Quellen vereinigte. Die Gesamtlänge vom Quellgebiet bis zur Mündung betrug etwa 7.600 Meter. Die Einzugsfläche des heutigen Bachkanals beträgt einschließlich seines Entlastungskanals 620 Hektar. Über zwei Arme kommend, der nördliche floss über die Erdbrustgasse ab, der südliche hatte seinen Ursprung nächst der Aufbahrungshalle im Ottakringer Friedhof, vereinigte sich das Gerinne beim ehemaligen Schottenhof (Ottakringer Straße ONr. 242) zu einem Wasserlauf. Hier war übrigens lange Zeit der Beginn der alten Bacheinwölbung, dem der Schotterfang Schottenhof vorgelagert war. Kanalverlängerungen bis zur Vogeltenngasse 1910 machten dieses Bauwerk letztlich überflüssig.

Das alte Bachbett querte die heutige Sandleitengasse und bog in einem noch erkennbaren Mäander in den alten Ortskern von Ottakring ein. Das mittelalterliche Weinbauerndorf wurde durch diese charakteristische Krümmung entscheidend geprägt.

Vorbei an der alten Pfarrkirche folgte das Gerinne bis zur Hettenkofergasse, der nunmehrigen Ottakringer Straße, und mäandrierte von da nach Süden, um in weiterer Folge zwischen der heutigen Friedrich-Kaiser-Gasse und der Thaliastraße seinen Verlauf zu finden. Hier floss das Gerinne südlich der damalig gewerblichen Ansiedlung Neulerchenfeld dem Linienwall zu. Die heutige Bachgasse etwa erinnert an die alte Trasse, welche exakt hier verlief. Innerhalb der Linie wurde das Gerinne bereits 1837 bis 1840 auf eine Länge von 2.368 Meter eingewölbt. Zuvor verlief die Trasse diagonal von der Lerchenfelder Straße zur Neustiftgasse, um diese bei der Kellermanngasse zu erreichen. Der kleine Platz schräg gegenüber dem Sankt-Ulrichs-Platz lässt uns ihren Lauf noch gut erkennen. In dieser Gegend stand einst der mittelalterliche Neudegger Hof, deren Mittelpunkt eine Schlossanlage nächst der heutigen Neustiftgasse 11–19 bildete. Dieses Anwesen befand sich auf einer Insel des Ottakringer Bachs. Der Turm wurde erst 1852 abgebrochen. Gleich wie bei anderen Bächen ist eine zumeist unzulängliche Einwölbung von kurzen Strecken unter privaten Liegenschaften sowie an neuralgischen Punkten auch beim Ottakringer Bach durch die Jahrhunderte vor der tatsächlichen Bachkanalisierung nachweisbar.

Der Bach erreichte im Wesentlichen durch den verbleibenden Teil der Neustiftgasse abfließend beim heutigen Raimund-Denkmal das offene Glacis. In den Jahren vor seiner Einwölbung gelangte der Unterlauf über die geistig verlängerte Hansenstraße, also etwa mitten durch den späteren Komplex der beiden Museen und im Weiteren über den Bereich Schillerplatz bei der nunmehrigen Friedrichstraße in den Wienfluss. Dass dies nicht immer so war, wurde oben beschrieben. In den Jahren nach seiner Ableitung aus dem Tiefen Graben im Mittelalter wechselte der Unterlauf häufig seine Lage. Wie erwähnt, wurde der Bach um 1240 vor der Stadtmauer in den Wienfluss abgeleitet, später durchfloss er dann den Stadtgraben. Auf Abb. 4, dem Kanalplan von Wien aus dem Jahr 1730, kann man den Bach als Stadtgrabenbewässerung gut erkennen.

Ab 1733 wurde das Gerinne wieder dem Wienfluss zugeführt, was sich bis zur Bachkanalisierung nun nicht mehr ändern sollte. Soweit der Exkurs zum Ottakringer Bach, doch nun zurück zur Als.

Der Albertinische Plan gehört zu den ältesten Darstellungen Wiens überhaupt. Interessant ist, dass es sich bei dem dargestellten Gerinne um einen künstlichen Nebenarm des Alserbachs handelte, welcher nach Ableitung des Ottakringer Bachs gebaut wurde, um für die ansässigen Handwerks- und Gewerbebetriebe einen Vorfluter zu schaffen. Es wurden also bereits im ausgehenden Mittelalter neben den aller Orts gebräuchlichen Sickergruben in Wien Bäche zum Zwecke der Entsorgung reguliert und als Abwässerkanäle benutzt. Ableitungen der Als sind sowohl über den anstelle der heutigen Porzellangasse befindlichen alten Salzgriesarm als auch über die Alser Straße zum Schottentor nachweisbar. Neben anderen bekannten Kanalanlagen des Mittelalters in Wien, welche wie erwähnt „Möhrungen" genannt wurden, zum Beispiel eben jene, welche durch die Kramer- und Rothgasse in den heutigen Donaukanal floss, wurde somit die Als schon vor mehr als einem halben Jahrtausend zur Abwasserbeseitigung herangezogen.

Doch nicht nur zu Entsorgungszwecken benützte man das Wasser der Als. Ab dem 16. Jahrhundert begann man mit der Erschließung mancher Quellgebiete des Bachs außerhalb der Stadt und der Ableitung des Wassers in langen Rohrleitungen nach Wien. Ab 1732 wurde auch der Brunnen am Hohen Markt mit dem Wasser der Als gespeist. Der rasant ansteigende Bedarf machte die Erschließung immer neuer Quellen notwendig. An der Hernalser Hauptstraße hat sich noch ein Markstein zur Abgrenzung eines Quellgebiets aus dem Jahre 1732 erhalten. Dadurch wurden dem einst sehr wasserreichen Bach viele Zuflüsse genommen, was zur Folge hatte, dass die Mühlen entlang der Als ihren Betrieb aufgeben mussten.

Dazu berichtet das Wiener Extrablatt in einer Rückschau vom 16. März 1885:

„Die Als war vordem ein sehr wasser- und fischreicher Fluss, und in Hernals saßen die Leute am Ufer und fischten mit Leidenschaft. Als aber 1732 die Brunnensäule am Hohen Markt erbaut und die Gewässer

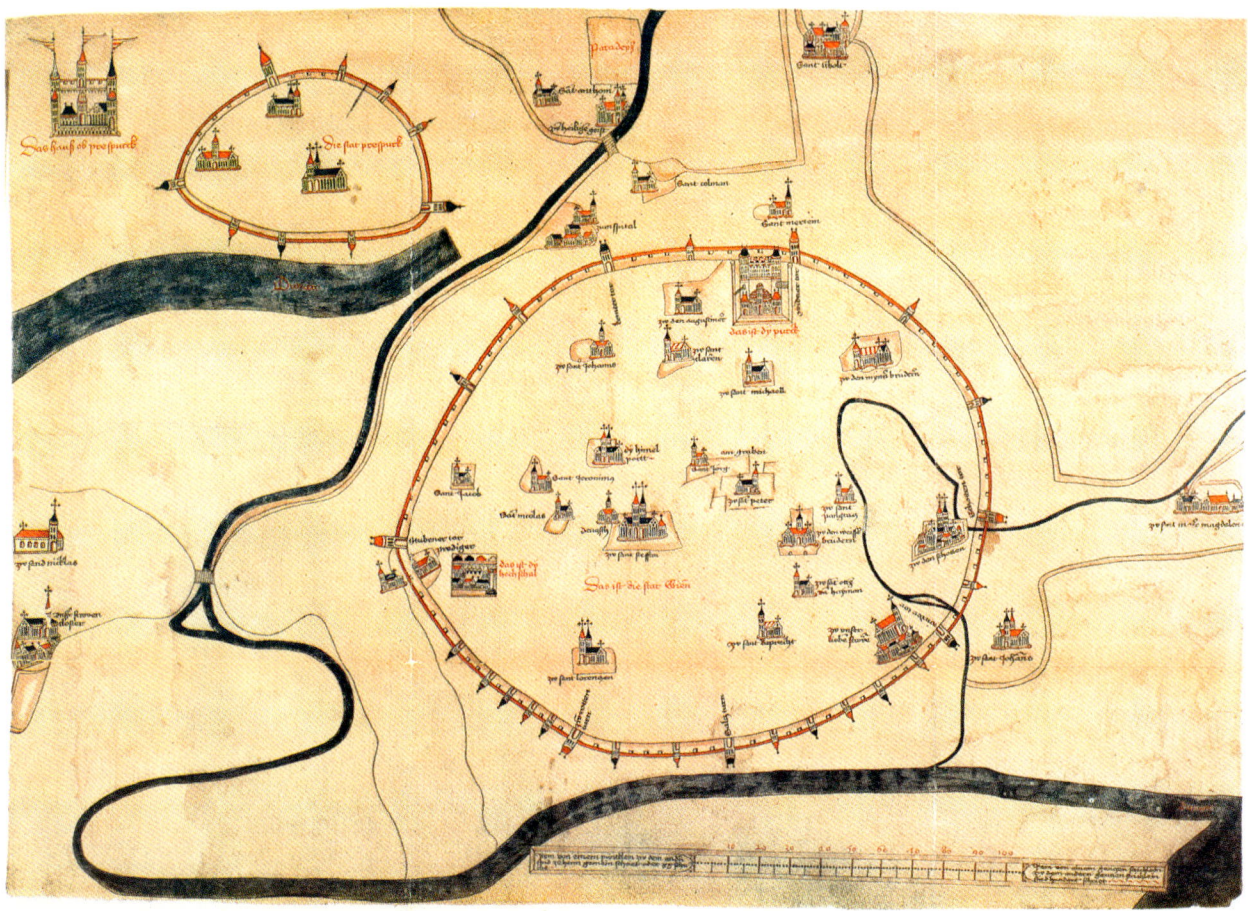

Abb. 34, Albertinischer Plan um 1422,

rechts der künstlich eingeleitete Alsbach, welcher durch den Tiefen Graben,

dem alten Bett des Ottakringer Bachs, abfloss

außer Hernals in Brunnstuben aufgefangen und in Röhren nach dem Hohen Markt geleitet wurden, verlor der Alserbach sein Wasser und die Mehlmühle in Hernals musste feiern."

Die Besitzerin der Hernalser Mahlmühle, Maria Zehentnerin, erhielt wie auch alle übrigen betroffenen Mühlenbesitzer eine Entschädigung von 300 Gulden aus der Wiener Stadtkasse.

Die parallele Nutzung des Wassers der Als zur Ver- und Entsorgung der Stadt brachte jedoch bald ein gewaltiges Problem mit sich, welches zwangsweise die Einwölbung im 19. Jahrhundert nach sich zog. Durch die drastische Wasserentziehung war das Bachbett in den Sommermonaten, wo das Wasser nahezu versiegte, fast trocken. Dennoch

75

kippte man allen auch nur erdenklichen Unrat einfach über die Böschung, welcher liegen blieb und bald zu faulen begann.

Aus einschlägigen Berichten kennen wir die sanitären Zustände der so genannten guten alten Zeit nur allzu genau. Der völlig verjauchte und verseuchte Untergrund verursachte nicht nur im Sommer eine arge Geruchsbelästigung, das Wasser der Hausbrunnen der anrainenden Liegenschaften war durch diese Missstände großteils gänzlich ungenießbar und stellte einen zusätzlichen permanenten Seuchenherd dar.

Im 19. Jahrhundert wurden die rapid ansteigenden Bedürfnisse der Wiener Bevölkerung durch neue Wasserversorgungseinrichtungen ersetzt. Doch der Bach sollte sich von diesem Eingriff nie mehr erholen. Das bislang abgeleitete Quellwasser war nun der zunehmenden Verbauung im Wege. Immer mehr Quellgebiete wurden zugeschüttet, oder drainagiert. Befestigte Oberflächen hinderten das Regenwasser an der Versickerung. Die Gefahr des Seuchenherdes Als war also geblieben und damit das letzte Kapitel dieses Bachs aufgeschlagen.

r. 74.   Wien, Montag, 16. März 1885.   14. Jahrgang.

Die Einwölbung des Alserbaches bei Neuwaldegg.

Abb. 35, Bericht des Wiener Extrablattes
über die Kanalisierungsarbeiten in Neuwaldegg 1885

DIE GESCHICHTE DER EINWÖLBUNG

Wie bereits vorhin erwähnt, übte man schon seit alters her die Gepflogenheit, sich häuslicher Abfälle dadurch zu entledigen, dass man sie einfach, wo vorhanden, in das nächstbeste Gerinne kippte. Vor allem für Handwerks- und Gewerbebetriebe, für Gerber, Lederer, Färber beispielsweise, war ein Bach oder ein Gerinne vor dem Arbeitsplatz, welcher ja zu früheren Zeiten zugleich Wohnstatt war, unerlässlich. Besonders im Mittelalter zeigte man für sanitäre Einrichtungen wenig Verständnis. Man kippte den Unrat einfach auf die Straße. Die rege Bautätigkeit nach der zweiten Türkenbelagerung von 1683 führte in Wien in der Folge zu derart hygienischen Missständen, dass bereits im 18. Jahrhundert als einziger Ausweg die Einwölbung der Bäche empfohlen wird. Zur Biedermeierzeit bildete beispielsweise der in seinem Unterlauf gänzlich verjauchte Ottakringer Bach eine derartige Geruchsbelästigung, dass dies bereits als unerträglicher Zustand empfunden wurde.

Abb. 36

Die alte Alsbacheinwölbung von 1840

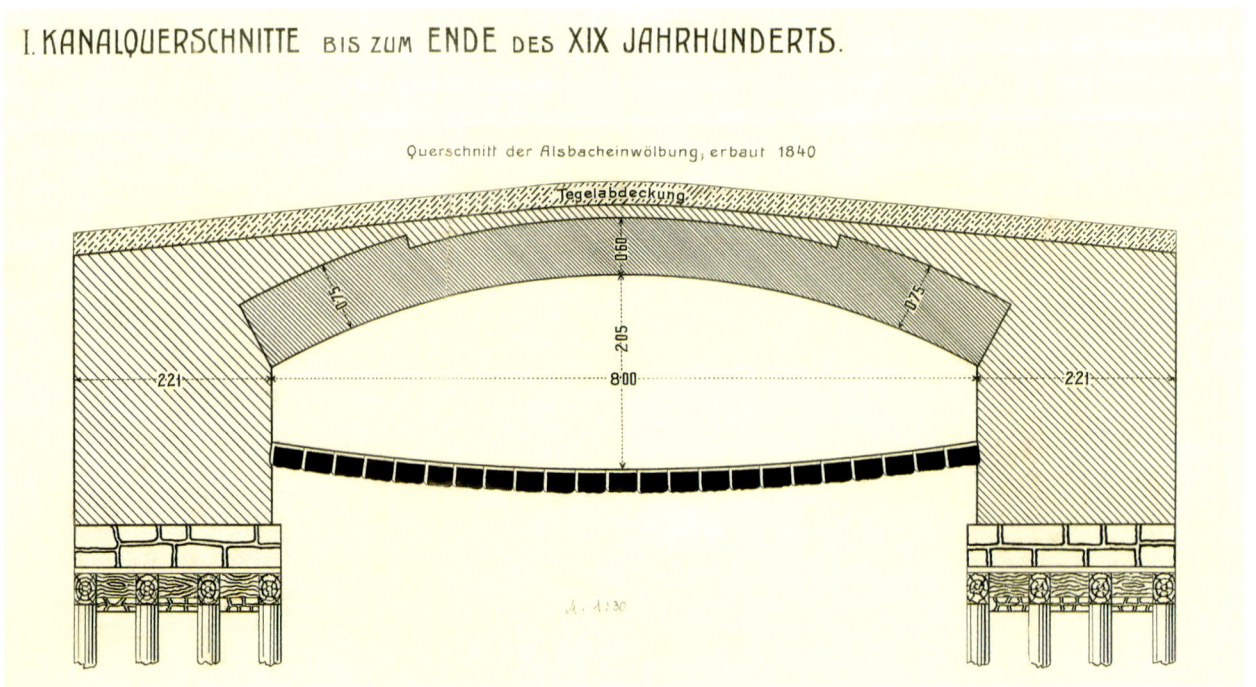

78

Am 28. Februar 1830 trat die Donau infolge eines Eisstoßes aus ihren Ufern und überschwemmte große Teile des Stadtgebiets. Eine an der Einfriedungsmauer des Augartens angebrachte Hochwassermarke erinnert heute noch an das Geschehen, welches in der Folge zum Ausbruch einer Choleraepidemie führte. Die an den verseuchten Wasserläufen und Gerinnen der Stadt gelegenen Wohnstätten waren ganz besonders betroffen. Die Stadtchronik von Wien spricht von einer Seuche, welche 2.000 Todesopfer forderte.

Franz Grillparzer, ein betroffener Zeitgenosse, welcher selbst von der Krankheit befallen wieder gesund wurde, notierte am 21. September 1831 in sein Tagebuch:

„Widerlich war mir eigentlich nur gewesen, dass ich glaubte, der Choleratod trete infolge ungeheurer, unleidlicher Schmerzen ein, und die Idee, wie ein verwundetes Tier sich krümmend, sinnlos, im Schmutz ekelhafter Leibesentleerungen aus der Welt zu gehen, empörte mich. Aber als der Arzt über meinen Krankheitsanfall viel mehr erschreckt als ich selbst, die irrige Idee, über die den Tod begleitenden Zufälle genommen hatte, schien es mir gar nicht mehr so schlimm, mitten in einer allgemeinen Kalamität, unbemerkt, das Los vieler zu teilen."

Die Empfindungen Franz Schuberts in Peter Ebners Roman „Schnee im November" spiegeln ein drastisches Bild der sanitären Zustände an der Wien in den letzten Lebenstagen des Liederfürsten 1828 wieder, wenn es heißt:

„Schubert geht langsam die Stiegen hinunter und durch die Einfahrt, er öffnet das Haustor (Anm.: gemeint ist sein Sterbehaus in der Kettenbrückengasse), *und wie gestern wendet er sich auch heute nach rechts. Kaum eine Minute später steht er vor der neuen Brücke. Langsam überquert er den Fluss und denkt, dass es gut ist, dass die Stadtverwaltung am Ufer Bäume gepflanzt hat, aber trotz allem sind manche Leute richtige Säue, und dagegen kann auch die beste Verwaltung nichts tun, und Alles, aber auch schon Alles, wird in diesen armen, kleinen Fluss hineingeworfen, halbtote Hunde, die manchmal den Kopf ein wenig heben, und schauen, ob es jemand gibt, der ihnen noch helfen könnte, und ganz tote Hunde, die sich nicht mehr bewegen,*

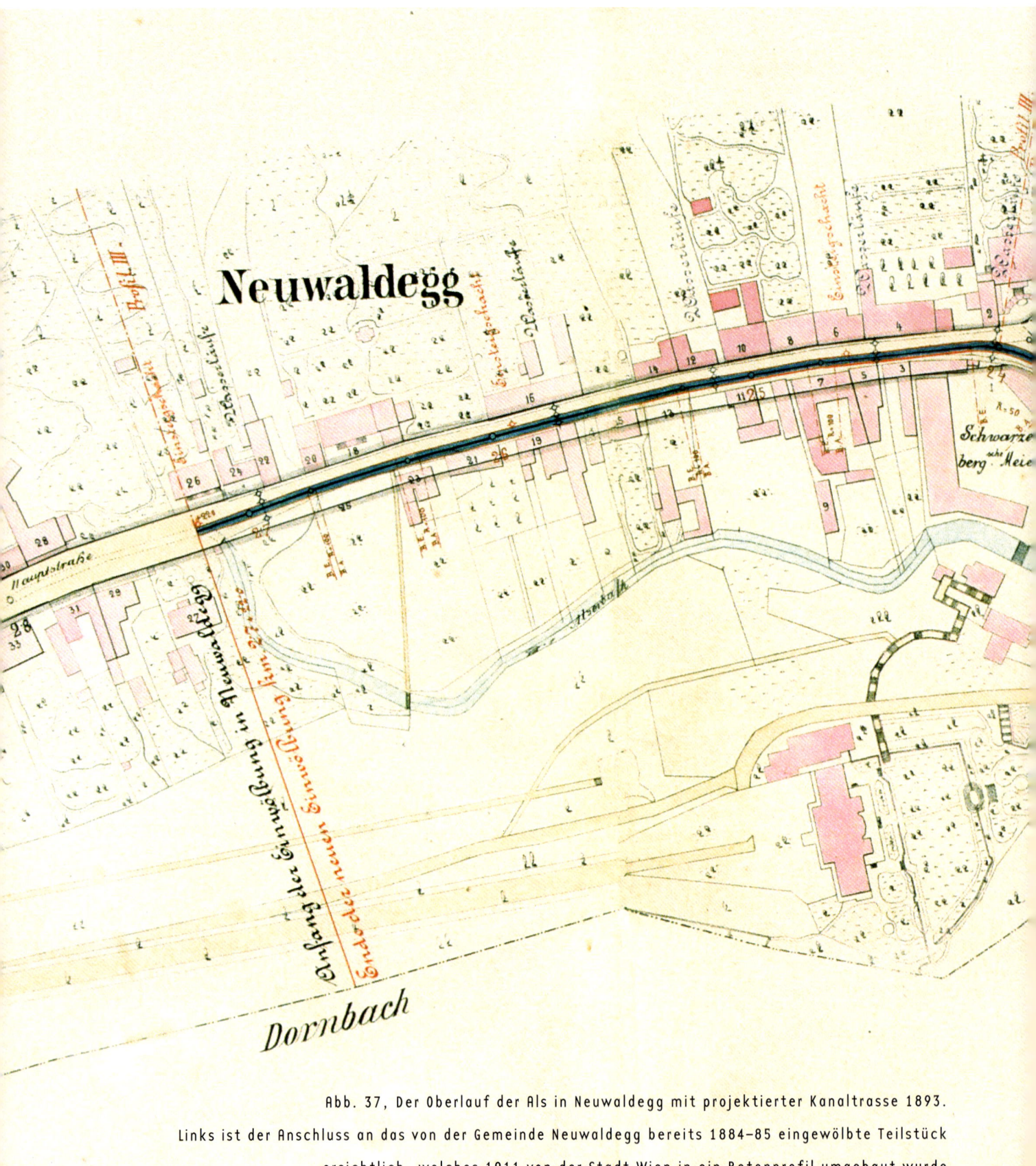

Abb. 37, Der Oberlauf der Als in Neuwaldegg mit projektierter Kanaltrasse 1893.
Links ist der Anschluss an das von der Gemeinde Neuwaldegg bereits 1884–85 eingewölbte Teilstück
ersichtlich, welches 1911 von der Stadt Wien in ein Betonprofil umgebaut wurde

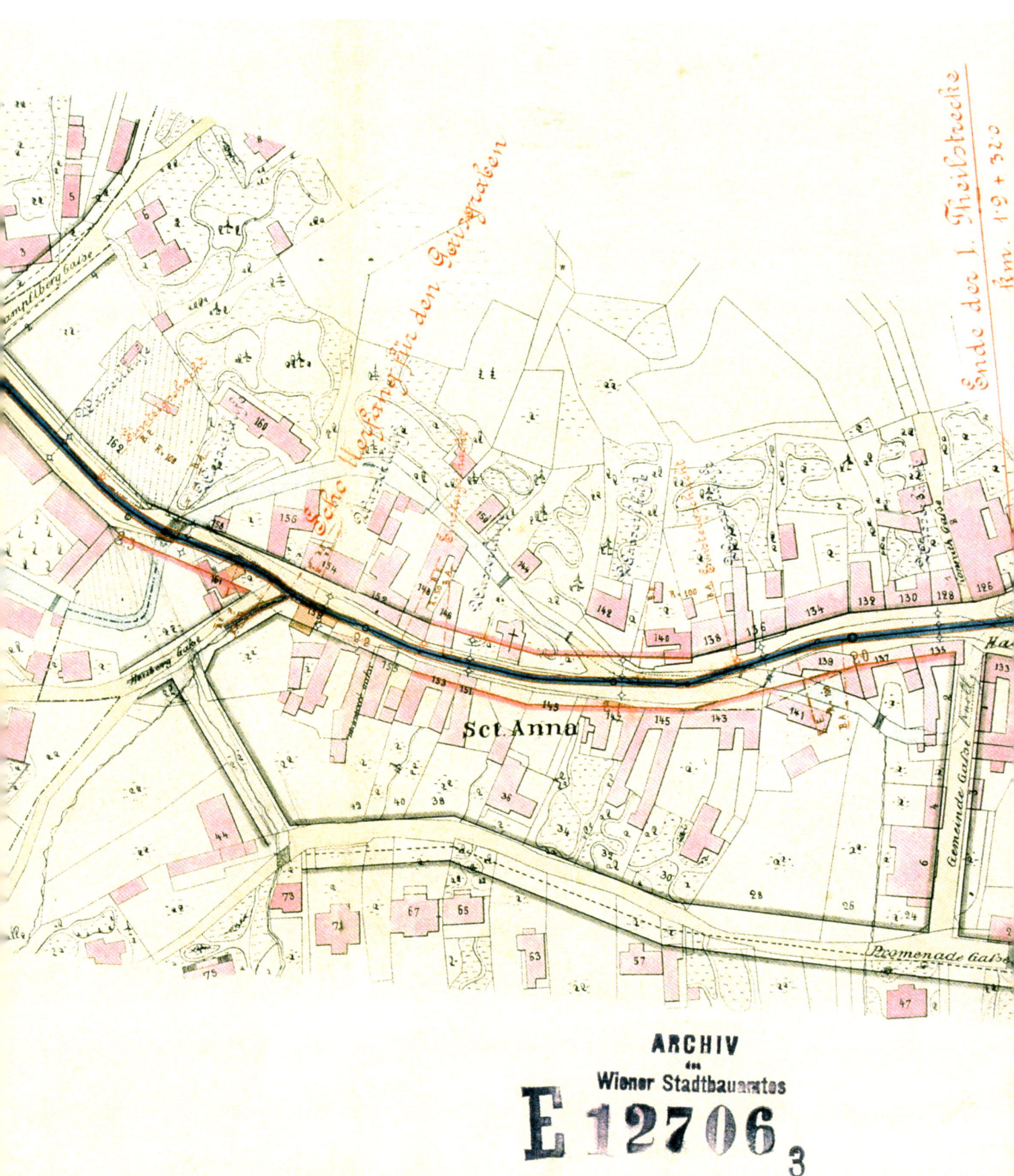

Sct. Anna

daneben die Abfälle vom Wirtshaus oder vom Fleischhauer, und noch tausend andere Dinge, sogar jetzt im November stinkt das erbärmlich zum Himmel, ein wenig kälter, und anstelle von Wasser gibt es nur noch Eis, ja, aber jetzt noch nicht, denn heute schaut die Sonne manchmal durch die Wolken, und so ein Wind wie gestern bläst auch nicht."

Schubert, ein Kind der Vorstadt Himmelpfortgrund, mag wohl auch den Alserbach und seine Gefahren genau gekannt haben. Vielleicht ließ er sich auch inspirieren vom Gleichklang der Natur, welcher im frühen Biedermeier in Dornbach noch gegeben war, das er nachweislich zur Sommerfrische aufgesucht hatte.

Dieses zweifellos Besorgnis erregende Ereignis vom 28. Februar 1830 war der Anlass zur Schaffung eines Kanalisierungsprogramms in Wien, dessen Ausführung noch während der Choleraepidemie 1831 in Angriff genommen wurde. Unter der Leitung des späteren ersten Stadtbaudirektors Cajetan Schiefer wurde mit dem Bau des Rechten Wienflusssammelkanals begonnen.

Abb. 38
Die alte Währinger-Bach-
Einwölbung von 1848

Abb. 39, Die Einwölbungsarbeiten der ehemaligen Gemeinde Neuwaldegg
in der Neuwaldegger Straße beginnen 1884

Abb. 40, Die Bauarbeiten der Alsbacheinwölbung der ehemaligen Gemeinde Neuwaldegg in der Neuwaldegger Straße werden 1885 vollendet

Ab 1839 wurden auch die linksseitigen Einmündungen von Straßen- und Unratskanälen in den Wienfluss durch einen Begleitkanal, den Linken Wienflusssammelkanal, abgeleitet.

Bis zur Mitte des 19. Jahrhunderts schuf man innerhalb des Linienwalls, der Wien von den selbständigen Vororten trennte, ein System von Vorflutkanälen, welches wesentlich zur Beseitigung der hygienischen Missstände beitrug. Großstädte wie London und Paris begannen erst ab der zweiten Hälfte des 19. Jahrhunderts mit einem planmäßigen Ausbau von Sammelkanälen. Will man einen modernen Begriff gebrauchen, so war Wien bereits um 1850 eine Art „Umweltstadt".

Obgleich sich seit Beginn des 19. Jahrhunderts die Stimmen derer mehrten, welche in der Kanalisierung der Als die einzige Möglichkeit zur Behebung der hygienischen Missstände sahen, schritt man an die Realisierung des Vorhabens doch mit einem lachenden und einem weinenden Auge. War es doch ein Wahrzeichen, ein Teil von Wien, oftmals beschimpft und verachtet, jedoch auf Grund seiner Gefährlichkeit immer gefürchtet und respektiert, welcher nun für immer in die Unterwelt verbannt werden sollte.

Innerhalb des Linienwalls durchfloss die Als die Gebiete der alten Vorstädte Michelbeuerngrund, Himmelpfortgrund, von Thury und Liechtental und bildete in seinem Unterlauf die Grenze zwischen Rossau und Althan. Der Wiener empfand eine Art Hassliebe zu seiner Als, gar manche Sage oder Legende wurde über den Alserbach erzählt.

Weithin bekannt waren auch die im Volksmund genannten Alsernixen, die Wäschermädln, welche innerhalb der Linie vornehmlich im Liechtental und Himmelpfortgrund an der Als die Wäsche wuschen und sich dabei die Zeit vertrieben, sich gegenseitig düstere Geschichten über den Bach zu erzählen, wie etwa die Sage der weißen Frau von Hernals, welche einst am Karfreitag die Glocken von St. Bartholomäus geläutet haben soll.

Ein junges Mädchen, welches gelobte, es sollen eher die Glocken zu Karfreitag ertönen, als das es ihren Geliebten verlasse, fand dabei in den Fluten des durch heftige Regengüsse mächtig angeschwollenen Alserbachs den Tod.

Abb. 41, Die Kanalisierung des Alserbachs nächst dem ehemaligen Badehaus
in Dornbach 1893, Blickrichtung stadteinwärts

Einer Zählung aus dem Jahre 1830 zufolge waren an den Alserbach
innerhalb des Linienwalls nicht weniger als 656 Häuser angeschlossen.
Einem technischen Bericht aus der Zeit der Alsbacheinwölbung
können wir entnehmen: *„Die grässlichen sanitären und ästhetischen
Übelstände, welche offene Bachkanäle innerhalb dicht verbauter
Stadtgebiete zur Folge haben, veranlasste bereits in den Jahren 1840
bis 1845 die Gemeinde Wien, das offene Gerinne des Alsbachs von der
Einmündung in den Donaukanal bis zur damaligen Gemeindegrenze
einzuwölben. Dadurch war es möglich geworden, die Schmutzwässer
und Fäkalien der gegen den Alsbach abfallenden Häuser einzuleiten
und eine entsprechende Kanalisierung der Straßen und Häuser in
Ausführung zu bringen."*

Abb. 42, Die Einwölbungsarbeiten in der späteren Alszeile
von der Badgasse (heute Vollbadgasse) stadtauswärts, 1893

Im Jahre 1850 wurden im Rahmen der ersten Stadterweiterung 34 Vorstädte eingemeindet. Die Einwohnerzahl Wiens stieg auf 431.000. Definiert durch das von Leopold dem Ersten erlassene „Burgfriedsprivileg" wurde dem Wiener Magistrat jedoch schon ab 1698 offiziell eine Ausweitung seines Wirkungsbereichs auf Gebiete außerhalb der Stadtmauer bescheinigt. Die Vorstädte hatten vor allem Steuerabgaben zu leisten, von denen nur die so genannten Freihäuser befreit waren. Dies erklärt die Tatsache, wieso die Gemeinde Wien vor Eingemeindung der Rossau oder der Alservorstadt die Baudurchführung der Einwölbung übernommen hatte.

Manche Vorstädte wie Thury oder Althan wurden von der Stadt zu früherer Zeit jedoch bereits käuflich erworben.

Von ihrer Einmündung in den Donaukanal nächst der heutigen Friedensbrücke bis zum 1704 auf Betreiben des Prinzen Eugen, zum Schütze gegen die Kuruzen von Leopold dem Ersten errichteten Linienwall, wurde die Als in der ersten Etappe eingewölbt. Der Linienwall querte den Wasserlauf im Bereich der heutigen Meynertgasse und Zimmermannplatz.

Die Gefährlichkeit der Als, die z. B. heute in Trockenwetterzeiten bei ihrem Einwölbungsbeginn in Neuwaldegg 75 Liter pro Sekunde abführt, während heftiger Regengüsse in kurzer Zeit auf das über Zweihundertfache ansteigt und – bedingt durch ihr großes Einzugsgebiet – in ihrem Unterlauf über 50.000 Liter pro Sekunde erreicht, erschwerte die Bauarbeiten und verlangte größten Einsatz von den mit der Baudurchführung betrauten Menschen und Tieren.

Die jährlich auftretenden Hochwässer richteten große Schäden an dem in Ausführung begriffenem Bauwerk an. Immer wieder kam es durch Katastrophen dieser Art zu Verzögerungen im Baufortschritt, die tiefer gelegenen Teile des heutigen neunten Bezirkes wurden überflutet.

Am 24. April 1845 richtete der Alsbach arge Verwüstungen noch während der Bauarbeiten in diesem Teil der Vorstadt an. Um sich das Ausmaß solcher verheerender Überschwemmungen heute vorstellen zu können, sei in diesem Zusammenhang an Hochwasserereignisse von 1741 und 1744, 1779 und 1785 hingewiesen, wo Donau, Wienfluss und Alserbach aus den Ufern traten. Die Wiener Stadtchronik berichtet, dass 1744 die Bewohner teilweise mit Schiffen von den oberen Stockwerken und Dächern ihrer Häuser geborgen werden mussten.

Die bauliche Durchführung der 2.155 Meter langen Teilstrecke, Alserbachstraße – Nussdorfer Straße – Spitalgasse – Lazarettgasse, war überdies wegen der schlechten Bodenverhältnisse sehr schwierig.

Zur Ausführung gelangte im unteren Bachverlauf ein auf Holzpiloten fundiertes Ziegelgewölbe, welches Wandstärken von über zwei Metern aufwies. Der Bereich Nussdorfer Straße bis Zimmermannplatz wurde auf Holzroste gegründet. Die relativ oft abwechselnden Dimensionen lassen sich darauf zurückführen, dass in Abhängigkeit des alten Bachverlaufs, der Bodenbeschaffenheit und des möglichen Gefälles, die

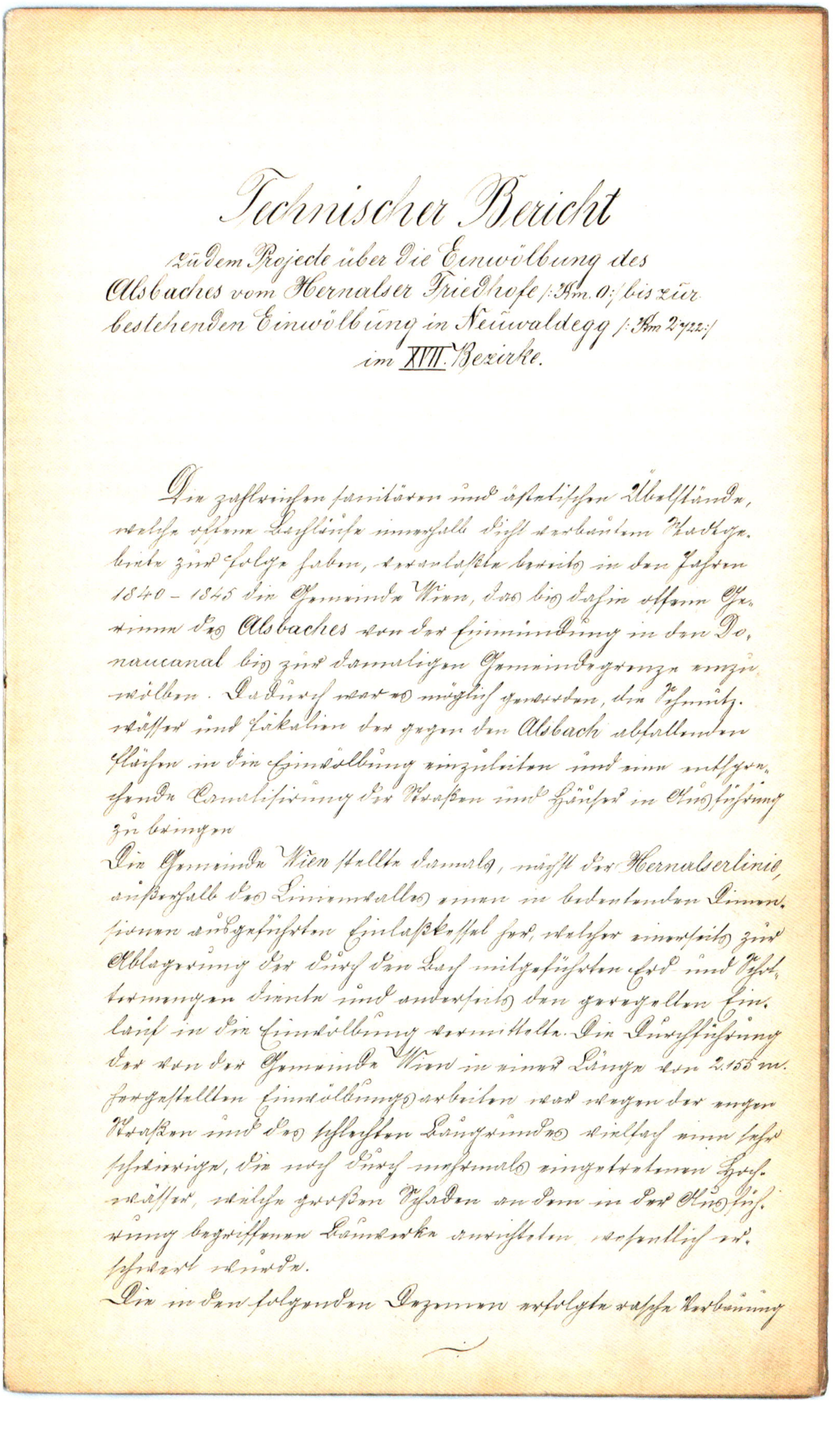

Technischer Bericht

Zu dem Projecte über die Einwölbung des
Alsbaches vom Hernalser Friedhofe (: Km. 0:) bis zur
bestehenden Einwölbung in Neuwaldegg (: Km 2·722:)
im <u>XVII</u>. Bezirke.

Die zahlreichen sanitären und ästhetischen Übelstände,
welche offene Bachläufe innerhalb dicht verbauter Stadtgebiete zur Folge haben, veranlaßte bereits in den Jahren
1840 – 1845 die Gemeinde Wien, das bis dahin offene Gerinne des Alsbaches von der Einmündung in den Do-
naucanal bis zur damaligen Gemeindegrenze einzuwölben. Dadurch war es möglich geworden, den Schmutzwässer und Fäkalien der gegen den Alsbach abfallenden
Flächen in die Einwölbung einzuleiten und eine weiter-
gehende Canalisierung der Straßen und Häuser in Aussichtung
zu bringen.

Die Gemeinde Wien stellte damals, nächst der Hernalserlinie,
außerhalb des Liniemwalles einen in bedeutenden Dimensionen ausgeführten Einlaßkessel her, welcher einerseits zur
Ablagerung der durch den Bach mitgeführten Erd- und Schot-
termassen diente und andererseits den geregelten Einlauf in die Einwölbung vermittelte. Die Durchführung
der von der Gemeinde Wien in einer Länge von 2·155 m.
hergestellten Einwölbungsarbeiten war wegen der engen
Straßen und der schlechten Baugründe theils eine sehr
schwierige. Die noch durch mehrmals eingetretenen Hochwässer, welche großen Schaden an dem in der Ausführung begriffenen Bauwerke anrichteten, gestaltete sie
schwieriger wieder.

Die in den folgenden Dezennien erfolgte rasche Verbauung

Abb. 43
Technischer
Bericht zur
Kanalisierung
der Als 1893

jeweils günstigste Variante zur Ableitung der Wassermassen zur Ausführung gelangte. Im Bereich Kreuzung Alserbachstraße – Rögergasse kam zum Beispiel ein Querschnitt mit einer Breite von 7,93 Meter und einer Höhe von 2,37 Meter zur Anwendung, in der Lazarettgasse ist ein Querschnitt von 3,79 Meter Breite und einer Höhe von 2,42 Meter charakteristisch.

Erst 30 Jahre nach Fertigstellung wurde im Zuge einer generellen Kanalbestandsaufnahme ein Lageplan und Längenschnitt der Alsbacheinwölbung dieses Bereichs erstellt und kann heute noch im Planarchiv der Magistratsabteilung 30 eingesehen werden.

Ab 1947 wurde der durch die zunehmende Motorisierung ansteigenden Verkehrslast Rechnung getragen und der damals hundertjährige Kanal in der Alserbachstraße in ein statisch und hydraulisch günstigeres Betondoppelprofil mit maximaler Ausdehnung von 2 x 4,0 x 2,20 Meter umgebaut. Die Sohlenverkleidung wurde mit Granitsteinpflaster durchgeführt. Diese Umbauarbeiten wurden in der Bevölkerung und in den Medien mit großem Interesse verfolgt. Einem Zeitungsartikel aus dieser Zeit können wir dazu folgendes entnehmen:

„Der Alsbachkanal bekommt seit fünf Jahren eine neue Eindeckung. Die Neueindeckung war in sechs Baulosen geplant, von denen die ersten vier in den vergangenen Jahren erledigt wurden. Die Arbeiten werden nur von September bis April durchgeführt, weil in den Sommermonaten die Gefahr besteht, dass die Wasserführung durch Gewitter plötzlich rapid ansteigt, die Arbeiter gefährdet und bereits geleistete Arbeit zunichte macht. Jetzt wird der vorletzte Abschnitt begonnen, was soviel heißt, dass die Alserbachstraßenbewohner und die Fünfer-Benutzer im Frühjahr 1953 von dem Übel der Umbauarbeiten erlöst sein werden.

Schon 1939 bestand Einsturzgefahr für den Kanal. Fuhrwerke mit mehr als zehn Tonnen Gewicht durften nicht mehr durch die Alserbachstraße fahren, und die Straßenbahn musste mit leichten Garnituren verkehren. Man musste befürchten, dass trotz aller Vorsicht früher oder später die Gewölbedecke an irgendeiner Stelle einstürzen werde. Eine Katastrophe lag im Bereich der Möglichkeit. Der neue Alsbachkanal vermeidet die große Spannweite und besteht statt aus einem einzigen breiten, aus zwei je vier Meter messenden Profilen. 1953 also wird das ehemals so wilde Wasser – das auch heute noch, wie Straßenüberschwemmungen durch die Kanalgitter anlässlich eines Juligewitters bewiesen, sehr unangenehm werden kann – zur Gänze in seinem neuen Bett fließen.

Und noch etwas: Die Friedensbrücke wird endlich jener Belastung unterzogen werden können, für die sie eigentlich gebaut wurde, die aber wegen der Unzulänglichkeit der Zufahrtsstraße nie gewagt werden durfte."

Doch zurück zu den Anfängen der Einwölbung: Durch die Fertigstellung der Einwölbungsarbeiten der Als bis zum Linienwall 1845 sowie der Kanalisierung des Währinger Bachs, welche innerhalb der Linie 1848 fertig gestellt wurde, waren die Arbeiten im seinerzeit urbanen Bereich der heutigen Stadt abgeschlossen.

„Die Gemeinde Wien stellte damals, nächst der Hernalser Linie, außerhalb des Linienwalls einen, in bedeutenden Dimensionen ausgeführten Einlasskessel her, welcher einerseits zur Ablagerung der durch den Bach mitgeführten Erd, und Schottermengen diente, und andererseits den geregelten Einlauf in die Einweihung vermittelte", heißt es dazu in einem Bericht des Stadtbauamts. Bei im Sommer 1991 durchgeführten Kanalumbauarbeiten am Zimmermannplatz wurden Reste des Holzwehres des Einmündungsbauwerkes angetroffen. Westlich des heutigen Gürtels erstreckten sich noch weite Felder und Gärten, der heutige 17. Gemeindebezirk bestand damals aus den Dörfern Hernals, Dornbach und Neuwaldegg, die teilweise von Landwirtschaft und Weinbau lebten. Doch die ersten Fabriken waren bereits in Sicht.

„Kassiert 1877" steht unter dem Einlaufbauwerk „nächst der Hernalser Linie" am rekonstruierten Bestandsplan zu lesen (Abb. 44). Obwohl die damalig selbstständige Gemeinde Hernals schon 1865 einen Projektplan zur weiteren Einwölbung des Alsbachs bis an ihre Gemeindegrenze vorlegte, scheiterte die Ausführung des Bauvorhabens vorerst an der, wie zu lesen ist, „Unzulänglichkeit der Geldmittel". Die Kanalisierung der Ortschaft Hernals fiel unter die Amtszeit des Bürger-

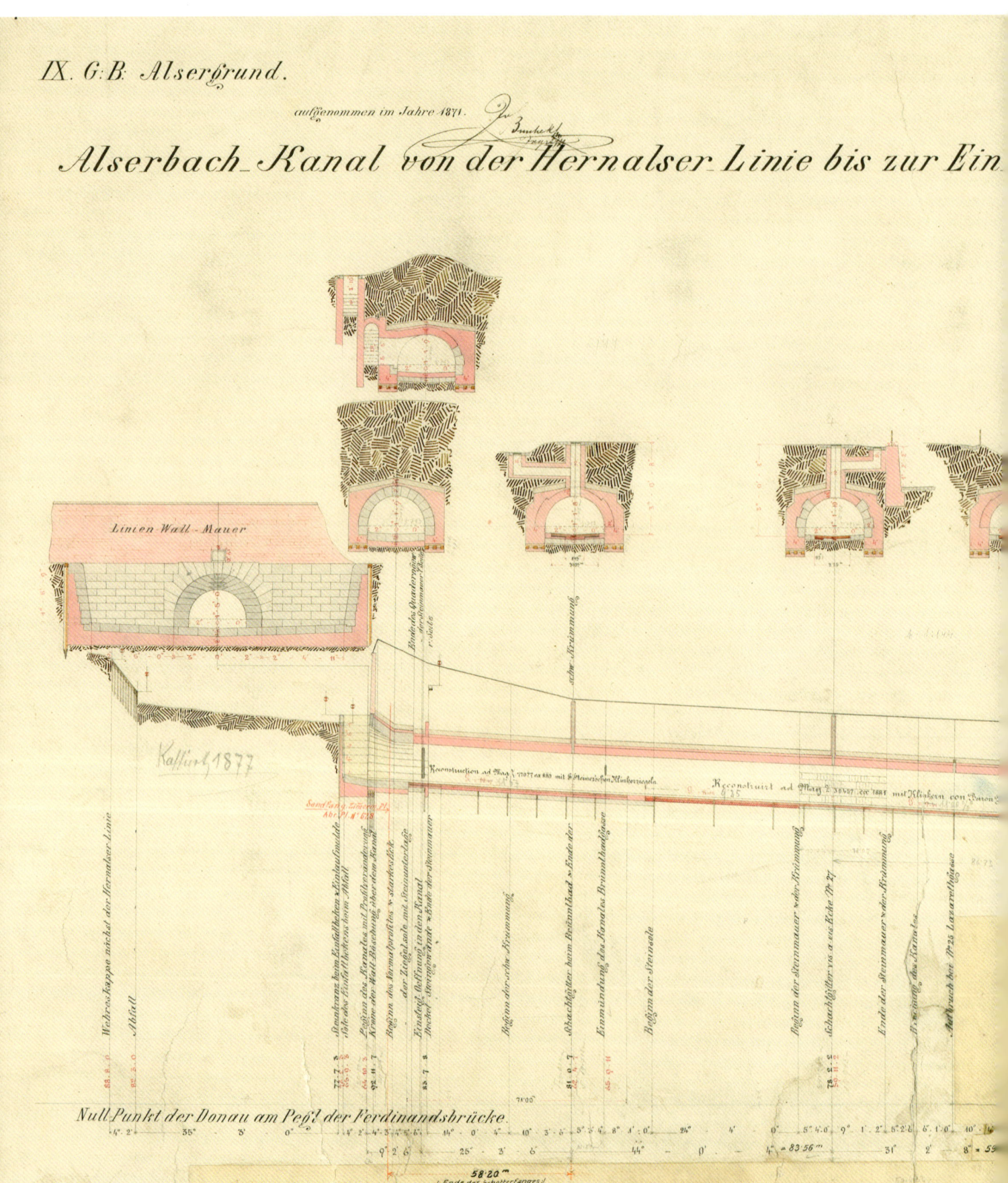

Abb. 44 (Seite 92 bis 95), Plan Alsbachkanal (Ausschnitte), Aufnahme 1871,
vom Linienwall (heute Zimmermannplatz) bis zur Friedensbrücke

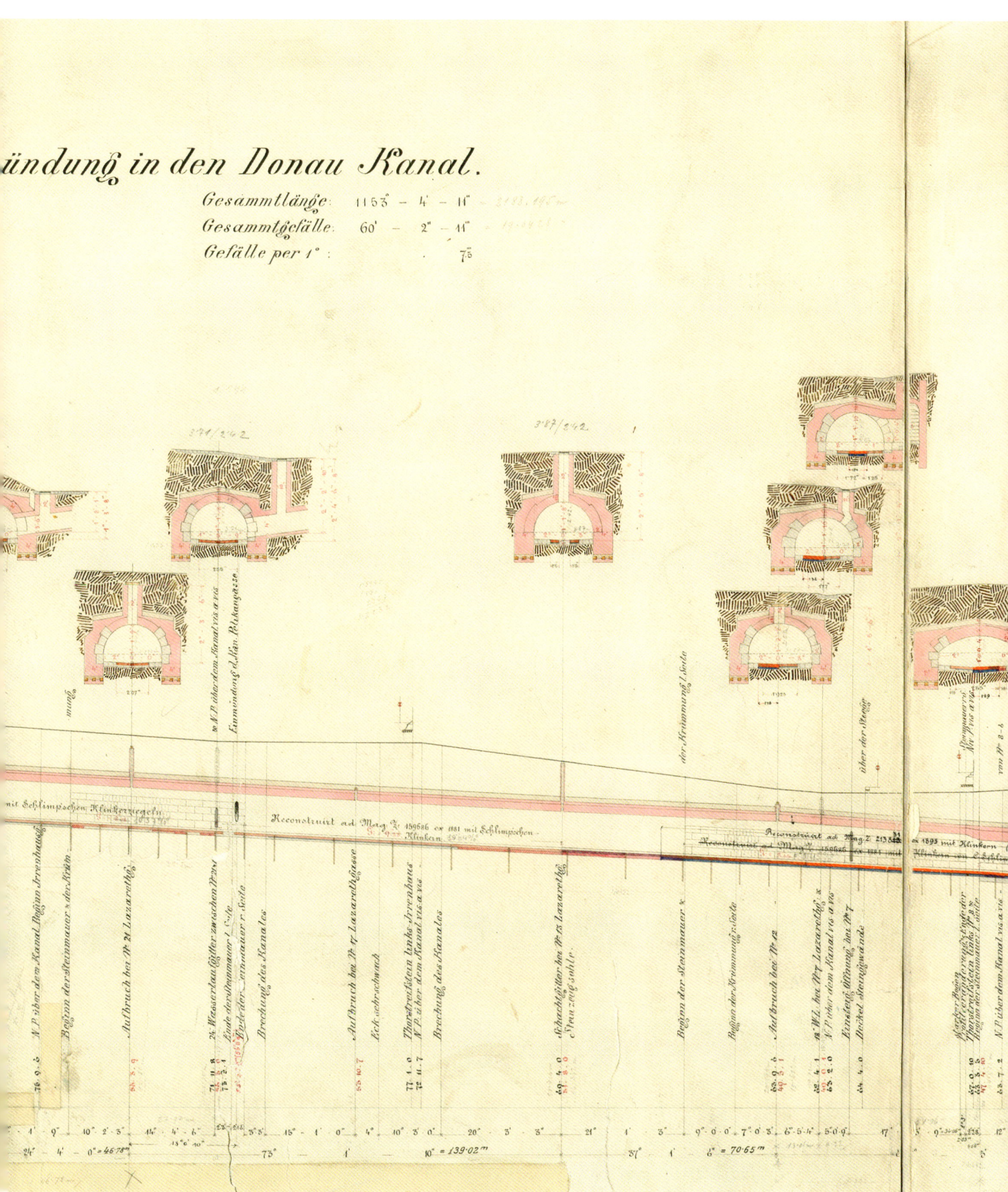

ündung in den Donau Kanal.

Gesammtlänge: 1153' – 4' – 11" = 3143,105m

Gesammtgefälle: 60' – 2" – 11" = 19,042m

Gefälle per 1°: 7⁵⁶

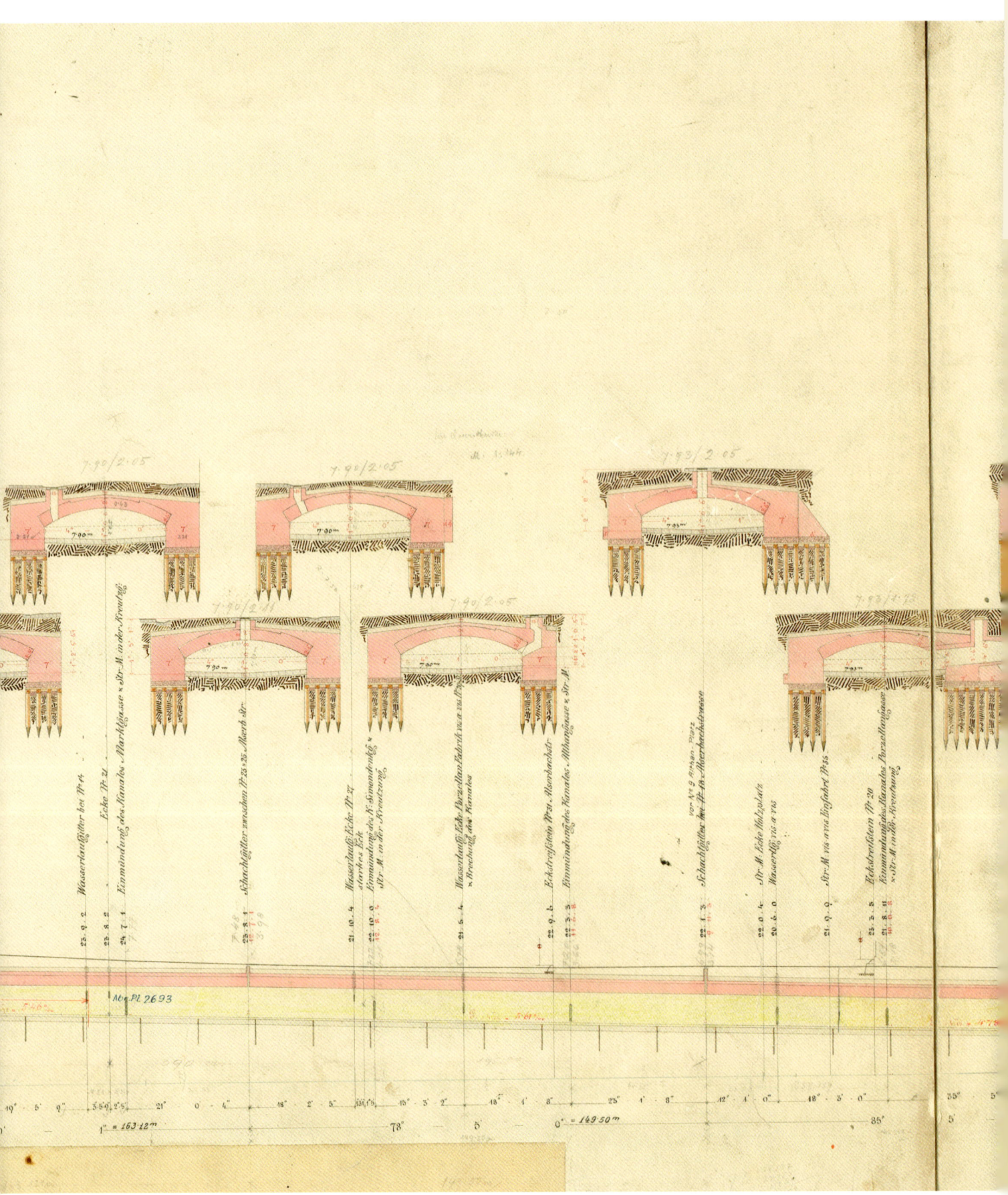

Abb. 44 (Seite 92 bis 95), Plan Alsbachkanal (Ausschnitte), Aufnahme 1871

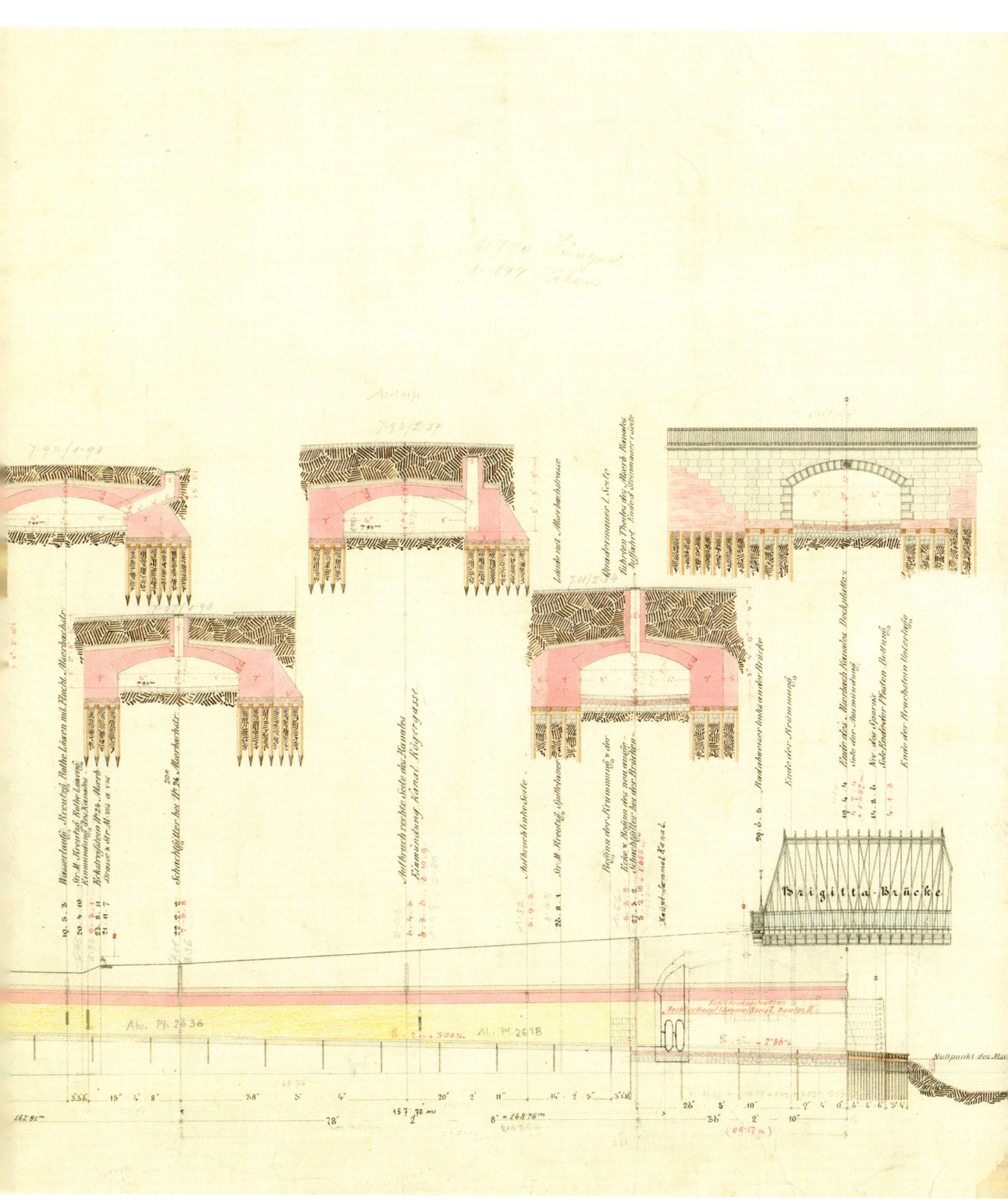

meisters Johann Georg Elterlein, nach dem auch der heutige gleichnamige Platz im Zentrum von Hernals benannt ist. Noch im Jahre 1873 hatte man große Pläne im Hernalser Gemeinderat. Bürgermeister Elterlein beauftragte die Union Baugesellschaft mit der Ausarbeitung des Projekts, welches auch die Gestaltung eines „Boulevard Hernals" vorsah. Die Gesamtschätzkosten erreichten die stolze Höhe von 900.000 Gulden.

Doch dann kam der „Schwarze Freitag". Am 9. Mai 1873 kam es zum plötzlichen Zusammenbruch des Aktienmarktes und damit zum Börsenkrach in Wien. Mit einem Schlag wurde der Traum der Hernalser Gemeinderäte zunichte gemacht. Man war gezwungen, sich auf das Wesentliche, der Einwölbung der Als im Gemeindegebiet, zu beschränken.

„Erst als im Jahre 1877 den beteiligten Gemeinden Hernals, Ottakring und Währing zur Förderung der Einwölbung des Alsbachs ein unverzinsliches Darlehen von 250.000 Gulden aus Staatsmitteln, rückzahlbar in Zehnjahresraten, und eine Subvention aus Landesmitteln zugefügt wurde, konnte an die Ausführung der Einwölbung innerhalb des Gemeindegebiets von Hernals geschritten werden", wird über die Finanzierung der weiteren Bauetappe berichtet. Die Anrainer des Bachs, welche entweder „vermögende Bürger oder gut situierte Gesellschaften" waren, übernahmen schließlich eine Restfinanzierung, sodass die nunmehr erforderlichen Mittel von 400.000 Gulden bereitgestellt werden konnten.

Am 7. Mai 1877 erfolgte der Spatenstich und damit der Baubeginn der Teilstrecke vom damaligen Linienwall bis zur heutigen Comeniusgasse. Anfänglich gingen die Bauarbeiten nur sehr schleppend voran, was die Bürger von Hernals zunehmend mit Unmut zur Kenntnis nahmen.

Im Wiener Extrablatt stand in der Ausgabe vom 9. August 1877 zu lesen: „Endlich ist auch die Unternehmung der Alsbachüberwölbung zu der von uns vor kurzem ausgesprochenen Überzeugung gelangt, dass es nach der anfangs beliebten Weise nicht geht, wenn die große Arbeit in der genau festgesetzten Zeit fertig werden soll. Um nun vor allem den an der bisherigen Verzögerung in erster Reihe schuld

Illustrirtes Wiener

Extrablatt.

Herausgeber: Edgar Spiegl.

Nr. 205. Wien, Samstag, 28. Juli 1894. **23. Jahrgang.**

Landschaftsbilder vom Alserbach.

Abb. 45, Landschaftsbilder vom Alserbach, Wiener Extrablatt 1894

tragenden Mangel an Arbeitern ein Ende zu machen, wurde der Tag-lohn jetzt durchwegs erhöht und auch mit dem Prinzipe der bloß „ein-heimischen" Arbeitskräfte definitiv gebrochen. Zugleich wurden die Arbeiten an mehreren Stellen zugleich aufgenommen, sodass heute nur mehr eine verhältnismäßig kleine Strecke des Bachs noch nicht in Angriff genommen erscheint. Dagegen sind die Erdarbeiten auf der Strecke Weinhauser Straße – Ziegelofen beinahe vollendet."

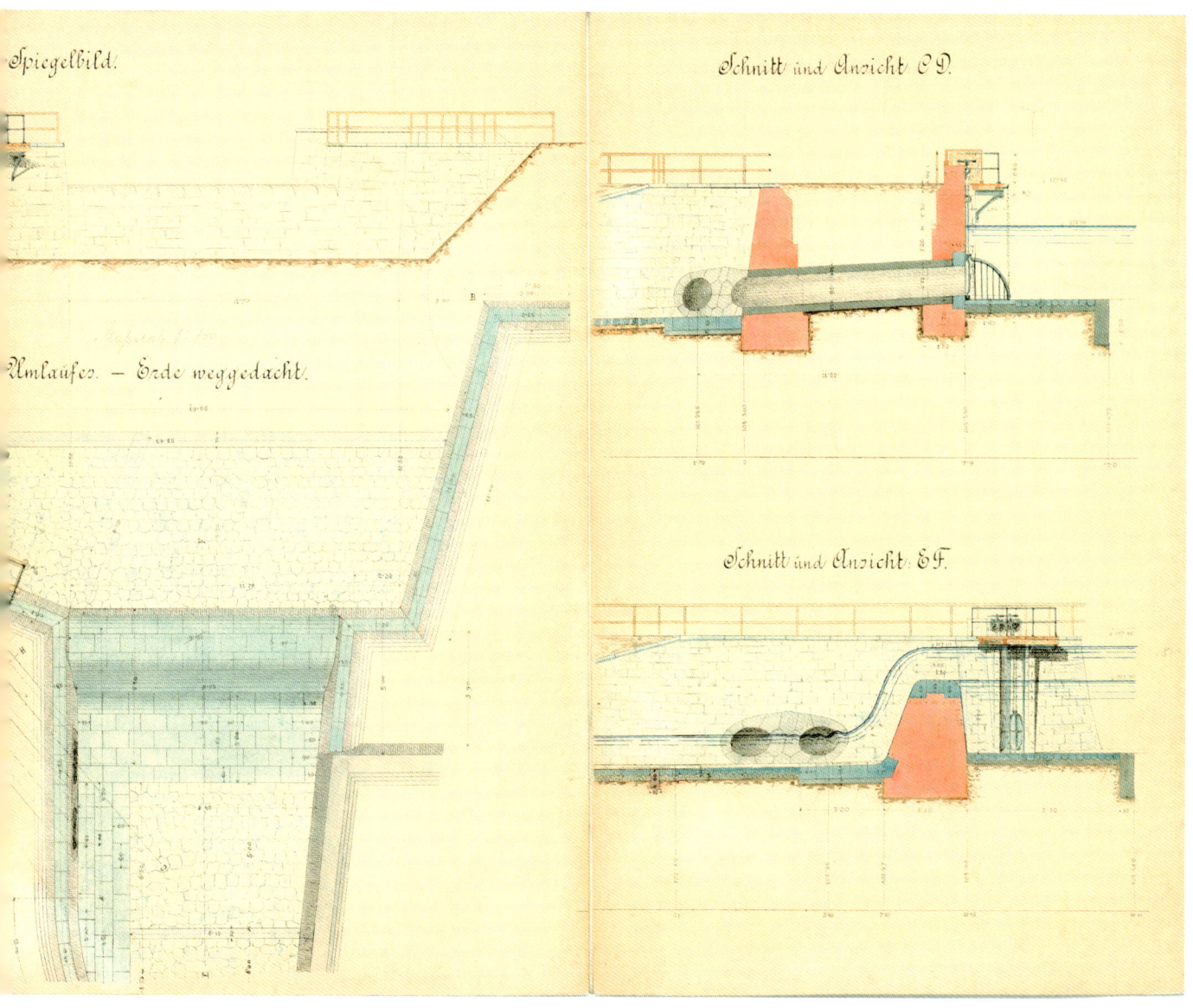

Abb. 46, Projektplan der Spülanlage Marswiese 1898

Besonderen Anlass zur Diskussion gab der Abbruch des Einlasskessels am Linienwall. Diese Geschichte entbehrte nicht einer gewissen Art von Heiterkeit. Nachdem der Einlasskessel 1845 von der Stadt Wien errichtet wurde, weigerte sich der Gemeinderat von Hernals, die Kosten dafür zu übernehmen, und stoppte nach Abbruch des ersten Quadersteins die Bauarbeiten. Da schlug die Gemeinde Wien den Bürgern von Hernals ein Geschäft vor:

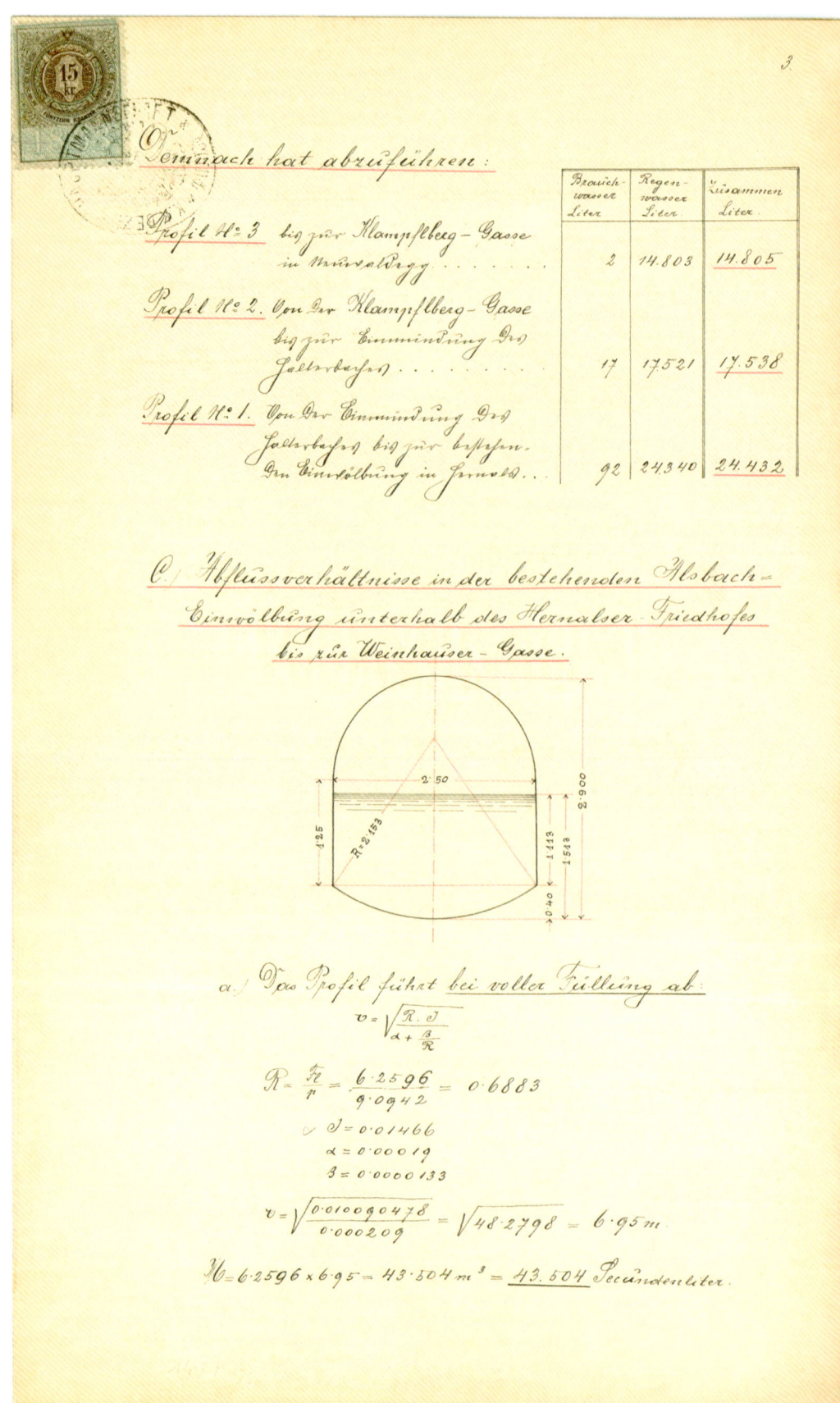

Abb. 47
Hydraulische
Berechnungen
für den Bereich
Alszeile 1893

Am 11. September 1877 vermerkt dazu das Wiener Extrablatt: *„Eine teilweise Erklärung der von uns vor Kurzem besprochenen Brodelei bei der Demolierung des alten Mündungsbassins und Herstellung einer Übermauerung an deren Stelle ist vor wenigen Tagen in der Hernalser Gemeindestube gegeben worden.*

Aus einem Referate ging nämlich hervor, dass die Demolierung mit allem Um und Dran eigentlich die Kommune Wien angeht und dass dieserhalb langmächtige Verhandlungen stattgefunden haben, die nunmehr beendigt sind. Das Resultat derselben geht dahin, dass die Kommune Wien die Arbeiten der Gemeinde Hernals gegen eine Pauschale per Kubikklafter überlässt. Als Entgelt für die Demolierung der Bassinmauern werden an Hernals die gewonnenen Quadersteine überlassen. Das Wiener Stadtbauamt behielt sich aber eine Oberaufsicht oder doch Nachschau bei den Arbeiten vor. Es ist nun anzunehmen, dass die Arbeiten bei der Bacheinmündung nächst dem Linienwall jetzt endlich baldigst zu Ende geführt werden, nota bene, dass der ‚einschichtig‘ daliegende Quaderstein baldigst Gesellschaft bekommt.“

Doch der Pferdefuß dabei war, dass der Abbruch dieser Anlage wesentlich mehr an Zeit und Geld gekostet haben dürfte, als die Quader wert waren.

Denn schon wenige Tage später stand zu lesen:

„Endlich ist mit der solange verzögerten Demolierung des alten Mündungsbassins der Als nächst dem Linienwall ernst gemacht worden. Aber nicht auf jene primitive und gemütliche Weise wird die Arbeit fortgesetzt, auf welche dies früher zu wiederholten Malen mit so kläglichen Resultaten versucht worden ist, vielmehr wurde ein förmliches, starkes und hohes Gerüst aufgerichtet, auf welches die mächtigen Quader der Bassinwände mittels Flaschenzug und Winde hinauf befördert werden. Kurz, die Demolierungsarbeiten stellen sich als so schwierig und bedeutend heraus, dass die Kosten derselben schwerlich durch den Wert der als äquivalent überlassenen Quader gedeckt werden können. Das Geschäft, welches die Gemeinde Hernals da mit der Kommune Wien gemacht hat, dürfte sich also durchaus nicht als ein für Erstere besonders Glänzendes erweisen.“

Die maximale Profilausdehnung der erfolgten Einwölbung betrug in der Breite 2,50 Meter und in der Höhe 2,90 Meter. 1878 wurde die Einwölbung mit einer Länge von 1.801 Meter vollendet und somit die Abwasserbeseitigung in den Straßenzügen Jörgerstraße – Hormayrgasse – Rötzergasse bis zur Anlage der ehemaligen Dräsche Ziegelfabrik nächst des heutigen Postsportplatzes geschaffen.

Der Anschluss erfolgte an der Kreuzung Gschwandnergasse – Rötzergasse. Dieses für die damalige Gemeinde Hernals enorm wichtige Projekt konnte also auch mit Hilfe von Kostenbeteiligungen der erwähnten Nachbargemeinden verwirklicht werden. Das hatte seinen guten Grund. Nicht nur die Straßenkanäle von Hernals, sondern auch, sofern es das Gefälle zuließ, jene von Ottakring und Währing mündeten direkt in das Alsbachbett, welches dadurch in einen offenen Unratskanal umgewandelt wurde.

Die mit Beginn der Gründerzeit großflächig einsetzende Industrialisierung brachte eine rasche rastermäßige Verbauung der westlichen Vororte mit sich. 1886 und 1887 wurde die eingewölbte Strecke der Als um 596 Meter bis zum Hernalser Friedhof, der damaligen Gemeindegrenze, verlängert. Durch die Einwölbung des bis dahin dominanten Bachs verlor Hernals zu einem wesentlichen Teil sein bis dahin typisch ländliches Aussehen und begann, auch bedingt durch die neue Oberflächengestaltung, in der Folge kleinstädtischen Charakter anzunehmen.

Schon vor über hundert Jahren hatten die Gemeindeväter von Dornbach und Neuwaldegg in ihren damaligen Urlaubs- und Erholungsorten mit Problemen des Umweltschutzes zu kämpfen. Seit dem 18. Jahrhundert entstanden innerhalb ihrer Gemeindegrenzen zahlreiche Sommerhäuschen von reichen Wiener Familien. Nicht ganz so Begüterte, die dem Trend der Zeit Rechnung tragend, ebenfalls dazu gehören wollten, mieteten sich in den damaligen Pensionen- und Gaststätten ein. Ab 1866 verkehrte die Pferdetramway zwischen Schottenring und Dornbach regelmäßig und trug ihrerseits zur Anhebung des Fremdenverkehrs bei. Ihre Endstation befand sich übrigens an der Dornbacher Straße ONr. 40.

„Durch die in das Bachbett einmündenden Abwässer von Neuwaldegg und Dornbach sowie den Abgängen aus zahlreichen Pferde- und Rinderstallungen werden dem Gerinne eine beachtliche Menge von fäulnisfähigen Stoffen zugeführt, die namentlich im Sommer die Luft in arger Weise verunreinigen", erfahren wir aus einer Studie über die hygienischen Verhältnisse der damaligen Zeit.

Mit Hilfe namhafter Beiträge dortiger Grundbesitzer gelang es, an neuralgischen Punkten die Als einzuwölben. In der Gemeinde Dornbach wurde der Wasserlauf an den Kreuzungspunkten mit der Straße sowie an nächst dieser gelegenen Strecken eingewölbt.

In Neuwaldegg wurde 1884 bis 1885 der Bach auf eine Länge von 330 Meter von der heutigen Atariastraße bis zur ONr. 27, wo er von der Straße gegen den Schwarzenbergpark hin einbiegt, kanalisiert. Dies brachte auch den Vorteil, dass die Straße, welche wegen des daneben liegenden Bachbettes sehr eng war, verbreitert werden konnte. Mit Wirkung vom 1. Jänner 1892 trat die bereits 1888 bei der Eröffnung des Türkenschanzparks vom Kaiser verkündete Eingemeindung von 33 Vorortgemeinden in Kraft. Die Bevölkerungsreichste unter ihnen war übrigens Hernals mit 70.000 Einwohnern. Damit entstanden die Bezirke 11 bis 19, die Einwohnerzahl Wiens überschritt die 1,3-Millionen-Marke. Um 1900 war Hernals, der nunmehrige 17. Gemeindebezirk, der größte Industriebezirk Wiens.

In zwei Bauabschnitten beabsichtigte nun die Gemeinde Wien die erforderliche Alsbacheinwölbung vom Hernalser Friedhof bis zur bestehenden Einwölbung in Neuwaldegg durchzuführen. Je weiter die Kanalisierungsarbeiten der Als voranschritten, umso eifriger bemühten sich Zeitschriften und Tageszeitungen mit Wehmut auf die noch letzten unberührten Teile des Bachs und seiner schönen Natur hinzuweisen. Beim Studium dieser Blätter gelangt man zwangsweise zu der Überzeugung, dass unsere Vorfahren etwas zu tun gezwungen waren, was eigentlich niemand wollte, mit jedem Meter Einwölbung wurde ein Stück Wien zu Grabe getragen. Begonnen in der Euphorie des technischen Aufbruchs, fortgeführt mit der Vernunft der Notwendigkeit, wurde dieses Werk beendet in Wehmut und Verklärtheit.

Abb. 48, Landschaftbilder vom Alserbach, Wiener Extrablatt 1885

Ganze Titelblätter priesen in schönsten Bildern die „Landschaftsbilder vom Alserbach". Hilferufe wie: *„Man lässt den Alserbach nicht von der Sonne bescheinen!"*, konnten nicht mehr abwenden, was man notwendigerweise auszuführen im Begriffe war. Der noch ungebrochene Fortschrittsglaube in Industrie und Technik hatte ein Opfer gefordert. Eines von vielen. So lag die ganze Tragik der Als in der Unabwendbarkeit ihres Schicksals, das keiner wollte. Nolens volens begnügte man sich daher noch schnell, die letzten Eindrücke einer verschwindenden Landschaft zu gewinnen. Ausflüge mit der Pferdetramway bis Dornbach und anschließende Wanderungen an der Als nach Neuwaldegg erfreuten sich besonders zur Vorsommerzeit, wo das „unsichere Wetter noch keine größeren Partien zulässt", zunehmender Beliebtheit. Zeitungen veröffentlichten lohnende Spaziergänge am Alserbach und die Zeichner bemühten sich in eindrucksvollen Bildern die schönsten Winkel herauszustreichen.

„Wie lange wird es denn noch dauern, und man wird die Als auch in Dornbach einwölben, und dann wird es aus und geschehen sein mit dem Bergfluss, der das Wahrzeichen eines Teils der Wienerstadt bildet", schreibt das Extrablatt am 14. Mai 1885 unter dem Titel *„An den Ufern der Als"*. So lustwandelte man an den Wegen des Bachs und so manch einer wählte sein Ziel wohl in einem der zahlreichen Gaststätten, vielleicht gar in der „Güldenen Waldschnepfe", welche dereinst das Lieblingslokal des Kronprinzen Rudolph war und in seiner glanzvollen Geschichte auch auf Persönlichkeiten wie Alexander Girardi oder die Brüder Schrammel zurückblicken kann.

1893 wurde über die Alszeile das Teilstück bis zur damaligen Augasse, der heutigen Zwerngasse und bis Frühjahr 1894 der Anschluss an den von der ehemaligen Gemeinde Neuwaldegg geschaffenen Bachkanal hergestellt. Die Gesamtkosten betrugen 293.000 Gulden.

Mit Errichtung eines 4.000 Kubikmeter großen Spülbeckens in Neuwaldegg nächst der Marswiese wurde die Kanalisierung der Als 1899 abgeschlossen. Jene noch von der Vorstadtgemeinde Neuwaldegg hergestellte Einwölbung wurde 1911 in ein Betonprofil mit einer Breite von 2,20 Meter und einer Höhe von 2,50 Meter umgebaut. Der Kostenaufwand betrug 150.000 Kronen.

Auf Grund alter Höhenaufnahmen war es möglich, das seinerzeitige Urgelände sowie das Niveau des ehemaligen Wasserlaufs im Abschnitt Alszeile genau zu rekonstruieren. Die unten dargestellten Querprofile zeigen deutlich den massiven Anschüttungsbereich (3–5 Meter), welcher nach Abschluss der Kanalisierungsarbeiten im Zuge der Realisierung der neuen Widmung aufgebracht wurde. Die ehemalige Bachsohle wies zwischen der Vollbadgasse und der Wattgasse ein durchschnittliches Gefälle von 14 Promille auf. Daran orientierte sich auch der neue Bachkanal, welcher im Mittel mit 15 Promille Gefälle in diesem Teilabschnitt errichtet wurde.

Dass Bauarbeiten im Straßenbereich nicht nur in unserer heutigen hoch motorisierten Zeit ein gewichtiges Problem darstellen, sondern bereits zur Jahrhundertwende sehr wohl koordiniert sein wollten, zeigt uns die Bau- und Verkehrsplanung für den Umbau des Einwölbungsabschnitts Neuwaldegg 1911, wo unter anderem zu lesen steht:

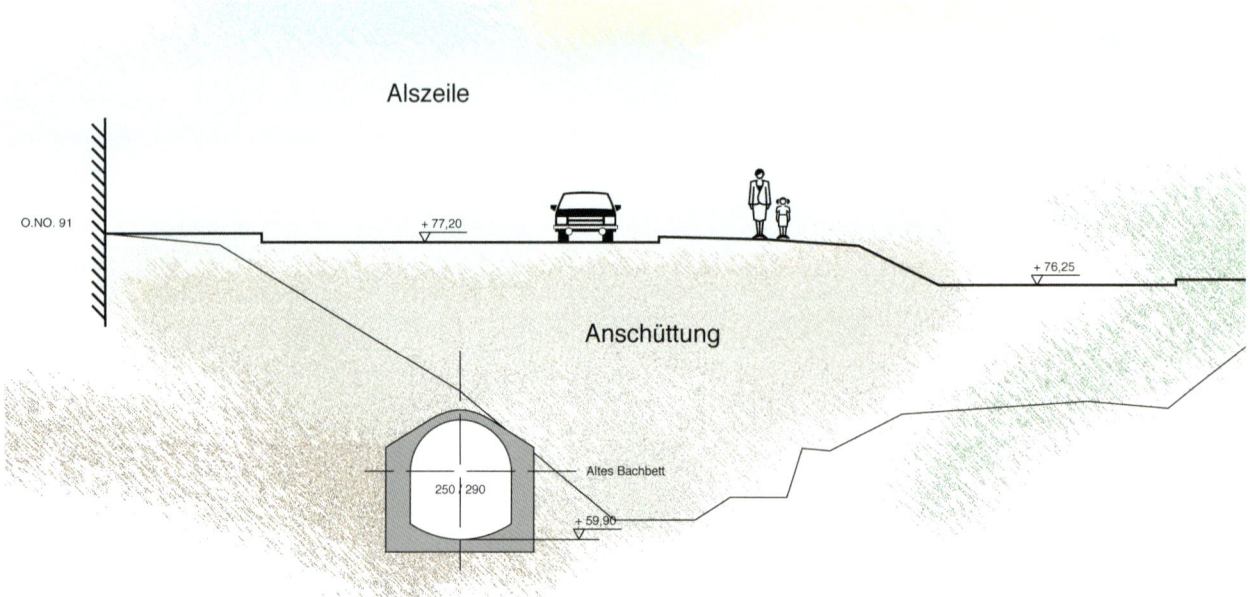

Abb. 49a und 49b, Rekonstruierte Querprofile in der Alszeile.
Deutlich ist die massive Anschüttung nach Beendigung der Einwölbungsarbeiten zu sehen

„Der Alsbach tragt in der Baustrecke, wegen der steilen Hänge des zugehörigen Niederschlagsgebiets, den Charakter eines Wildbachs. Um unter den nicht zu umgehenden, durch heftige Niederschläge hervorgerufenen Störungen in der Bauführung nicht zu sehr zu leiden, ist dieselbe für anfangs September des laufenden Jahres in Aussicht genommen. Hierdurch wird auch die durch den Bau verursachte Verkehrsstörung weniger fühlbar werden, weil sich in der Baustrecke der Neuwaldegger Straße zumeist Villen befinden, die im Spätherbst nicht mehr bewohnt sind.

Die Neuwaldegger Straße ist der einzige vom 17. Bezirk in das Umland führende Verkehrsweg. Es muss daher getrachtet werden, den durchgehenden Wagenverkehr auch während des Baues aufrecht zu erhalten. Die linke Straßenseite ist wegen der Lage des alten, zum Abbruche gelangenden Bachkanals hiefür nicht benutzbar, vom rechten Fahrbahnteile bleibt ein Streifen von ca. vier Meter Breite zur

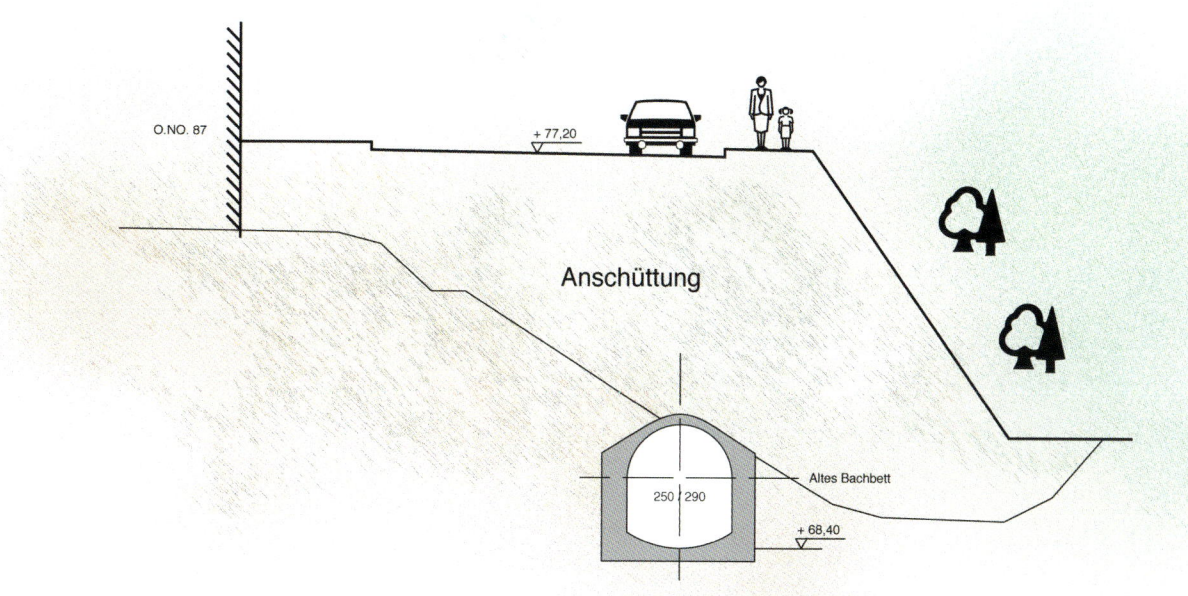

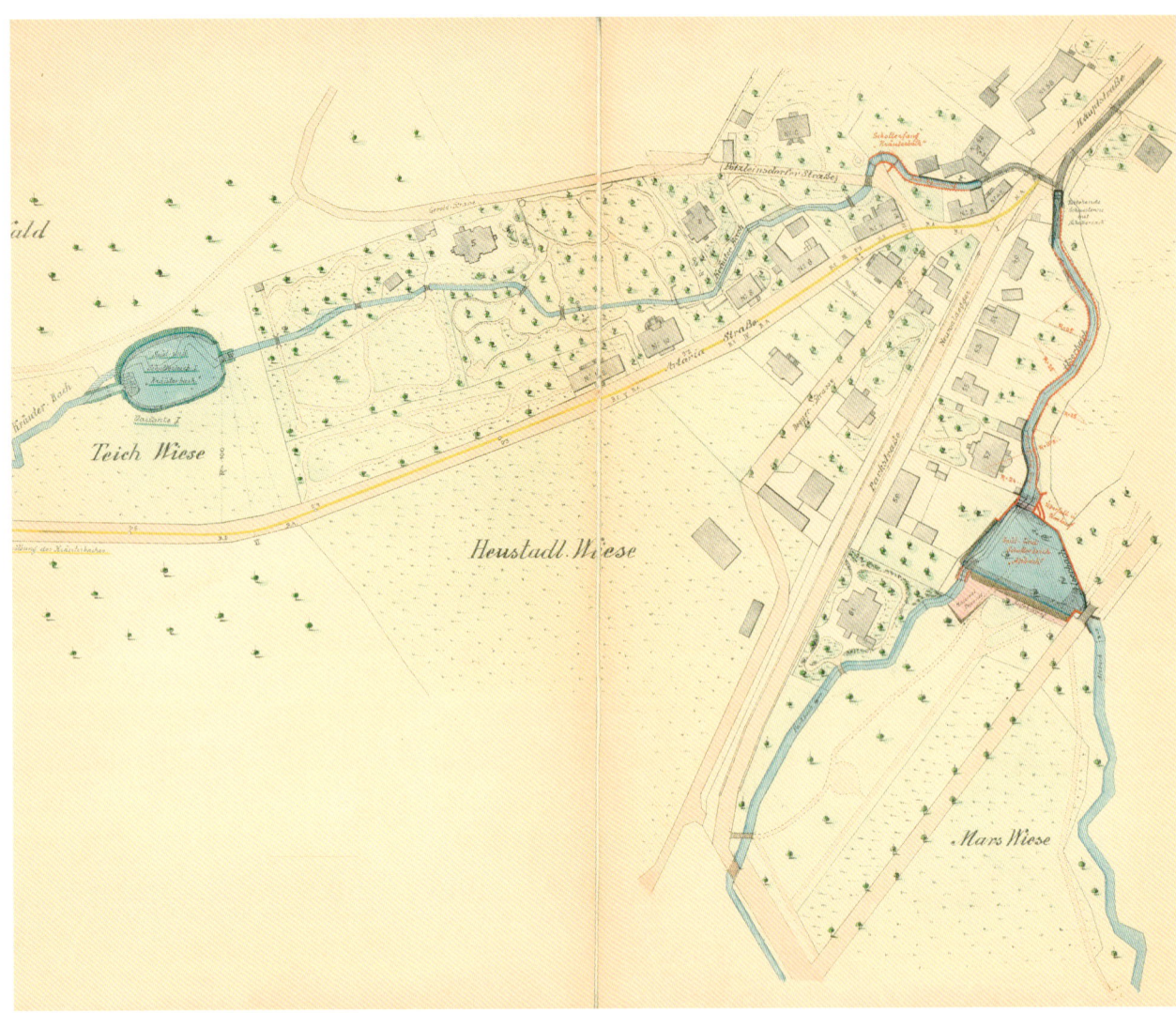

Abb. 50, Der Bereich Marswiese

mit projektiertem Spülbecken und Einbindung des Kräuterbachs 1898

Verfügung. Nachdem hievon auch ein Teil zur Manipulation beim Bauen benötigt wird, wird die Durchfahrt eines Wagens – in beiden Richtungen – nur dann möglich sein, wenn die Länge der jeweiligen Baustrecke auf höchstens 150 Meter beschränkt wird, auf der rechten Straßenseite keinerlei Materiale gelagert und durch Stehposten der k. u. k. Polizei an den Enden der Baustrecke für die Regelung des Verkehrs Sorge getragen wird." Auch die „gute alte Zeit" hatte ihre Verkehrsprobleme.

Abb. 51, Das Einlaufwerk des heutigen Bachkanals, errichtet 1899,

nächst der Marswiese in Neuwaldegg

Erst 1947 wurde der bis dahin zwischen Bohlenwänden verlaufende offene Teil des Alsbachkanals zwischen Spülbecken und Neuwaldegger Straße eingewölbt. Dem bis zum heutigen Tage oberirdisch fließenden Oberlauf des Alsbachs blieb das Schicksal einer Bachkanalisierung erspart. Am 24. Mai 1905 beschloss der Gemeinderat die Schaffung eines Wald- und Wiesengürtels um die Stadt und verhinderte so, Grundstücksspekulanten zum Trotz, gerade noch rechtzeitig die Verbauung und damit die Zerstörung des Wienerwaldes.

Abb. 52, Die Kabskutscher – Lkws von damals. Die weithin bekannten rauen Gesellen hatten mit ihren Fuhrwerken oftmals gewaltige Erdbewegungen zu bewältigen

DIE NOTWENDIGKEIT DER ENTLASTUNG

Betrachtet man planliche Darstellungen von Wien und seiner Umgebung aus dem Biedermeier und vergleicht diese mit Stadtkarten der Gründerzeit, so wird das enorme Wachstum der damaligen Residenzstadt verbunden mit einer gigantischen Bevölkerungsexplosion in der zweiten Hälfte des 19. Jahrhunderts sichtbar. Zählte Wien um 1840 ca. 400.000 Einwohner, so waren es nach Eingemeindung der Vororte 1892 bereits 1,364.000. Die größte Einwohnerzahl wurde in Wien bei der Volkszählung im Jahre 1910 mit 2,031.000 festgestellt. Dieses rasche Wachstum führte natürlich auch zu einer wesentlichen Anhebung der anfallenden Abwässer.

Abb. 53

Der Bau des Entlastungskanals in der Alserstraße 1913

wurde im bergmännischen Vortrieb errichtet

Als mit der Erbauung des Alsbachkanals begonnen wurde, hatte das Gemeindegebiet von Wien noch einen viel geringeren Umfang, es beschränkte sich damals im wesentlichen auf die Bezirke innerhalb des Gürtels und auch diese waren noch zum größten Teil unverbaut. Im dicht verbauten Gebiet versickert ein geringerer, im villenartig oder gar unverbauten Gebiet ein größerer Teil des gefallenen Regens. Dazu kommt, dass die Dimensionierung der Einwölbung damals mangels der notwendigen Kenntnisse wohl nur nach praktischen Erfahrungen geschätzt wurde. Auf Grund der rasanten Stadtentwicklung wurde

Abb. 54
Die Hochwasser-
katastrophe
in Dornbach
vom 17. Juli 1907

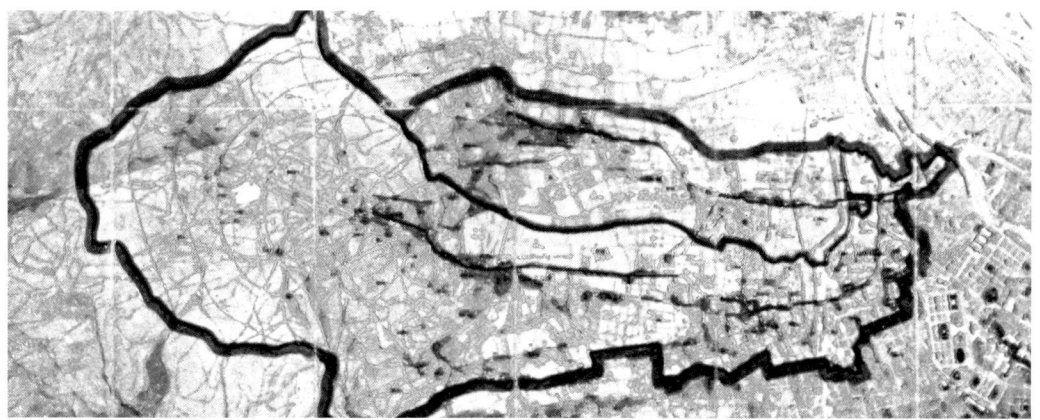

Abb. 55

Die Einzugsfläche des Alserbachkanals inklusive
des Währinger-Bach-Kanals beträgt über 2.200 Hektar

bereits sehr früh der Ruf nach zusätzlichen Kanälen im Einzugsgebiet der Als laut, die einen Teil des anfallenden Abwassers aufnehmen und somit die Einwölbung entlasten sollten.

Im Jahre 1898 beschäftigte sich erstmals eine Studie des Stadtbauamts mit der technischen Durchführbarkeit. Anlass dafür war ein starker Wolkenbruch am 1. Juni desselben Jahres, welcher große Teile von Liechtental überschwemmte. In einem Projekt für die Anlage von Regenauslässen am Rechten Hauptsammelkanal in der Strecke Postgasse bis ehemalige Spittelauergasse wurde darauf hingewiesen, dass die bei allen großen Regengüssen wiederkehrenden Überschwemmungen im Liechtental nicht nur die Folge der Tiefenlage dieses Stadtteils wären, sondern auch auf das ungenügende Profil des Alsbachkanals in seinem unteren Verlauf zurückgeführt werden müsste.

In diesem Zusammenhang sei auch die Wichtigkeit des Rechten Hauptsammelkanals kurz definiert, welcher in zehnjähriger Bautätigkeit von 1894 bis 1904 errichtet, in seinem Verlauf von Nussdorf bis Simmering auf einer Länge von rund 17 Kilometer ein Niederschlagsgebiet von ca. 13.400 Hektar aufnimmt und nunmehr (seit 1980) der Hauptkläranlage Wien-Simmering zuführt. Er ist somit der wichtigste Sammelkanal von Wien, sämtliche Entsorgungsleitungen, vom rechten

113

Donaukanalufer bis zum Wienerwald, vom Wienfluss bis zur Wasserscheide des Wienerbergs und des Laaerbergs, münden in den Rechten Hauptsammelkanal.

In diesem Bericht des Stadtbauamts wurde ausgeführt, dass die unterste Strecke des alten Alsbachkanals, von der Einmündung des Währinger Bachs bis zur Einmündung in den Rechten Hauptsammelkanal auf der Rossauer Lände eine Leistungsfähigkeit von 50,5 Kubikmeter pro Sekunde besaß, entsprechend einem Wasserabfluss von 22,7 Liter pro Sekunde und Hektar des Niederschlagsgebiets, während zum Beispiel eben jener Wolkenbruch vom 1. Juni 1898 dieser Kanalstrecke eine Wassermenge von 69 Kubikmeter pro Sekunde zuführte.

Eine noch größere Beanspruchung des Alsbachkanals trat jedoch bei der Wasserkatastrophe vom 17. Juli 1907 ein, bei welcher eine Wassermenge von 90 Kubikmeter pro Sekunde zum Abfluss gelangte und die

Abb. 56

Die Umbauarbeiten des alten Alsbachprofils um 1950

Überschwemmung von 66 Häusern zur Folge hatte. Um sich ein Bild vom Ausmaß dieser Katastrophe machen zu können, muss man sich vorstellen, dass der Rückstau im Kanalsystem bis an die Kreuzung Währinger Gürtel – Jörgerstraße zurückreichte. Im tiefer gelegenen Teil Alserbachstraße – Nussdorfer Straße spritzte das Wasser wie Springbrunnen aus den bestehenden Einlaufgittern.

Das Ergebnis dieser Studie von 1898, den Alsbachkanal durch zwei Hauptsammelkanäle zu entlasten, wurde 1908 Grundlage für die Ausarbeitung eines nun dringend benötigten Projekts.

Ein Entlaster sollte an der Lustkandlgasse bereits den Währinger-Bach-Kanal ableiten, durch die Sechsschimmelgasse, Nussdorfer Straße, die Bindergasse, die Liechtensteinstraße und die ehemalige Wagnergasse zur damaligen Spittelauer Gasse führen und an der Spittelauer Lände in den Rechten Hauptsammelkanal einmünden, während die Trasse

Abb. 57

Die Umbauarbeiten des alten Alsbachprofils um 1950

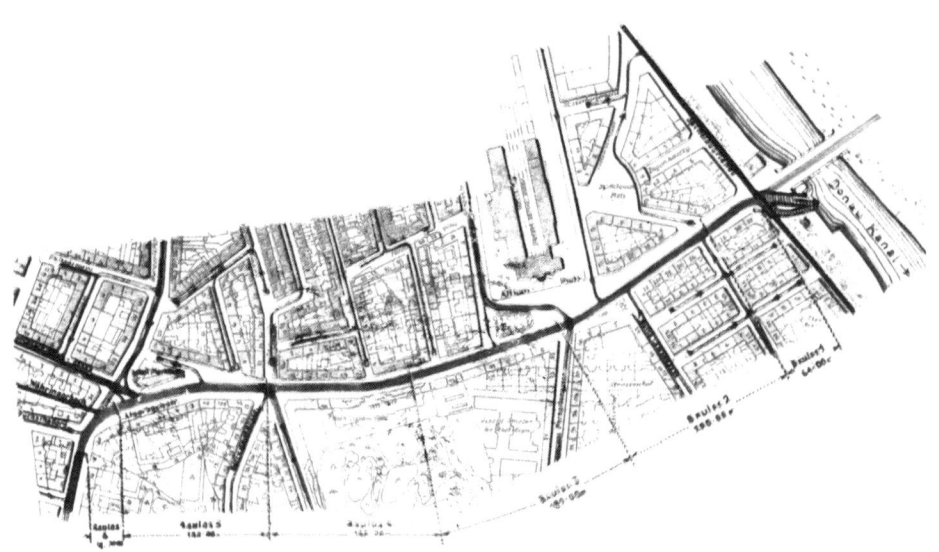

Abb. 58

Lageplan mit Bauloseinteilung, 1946

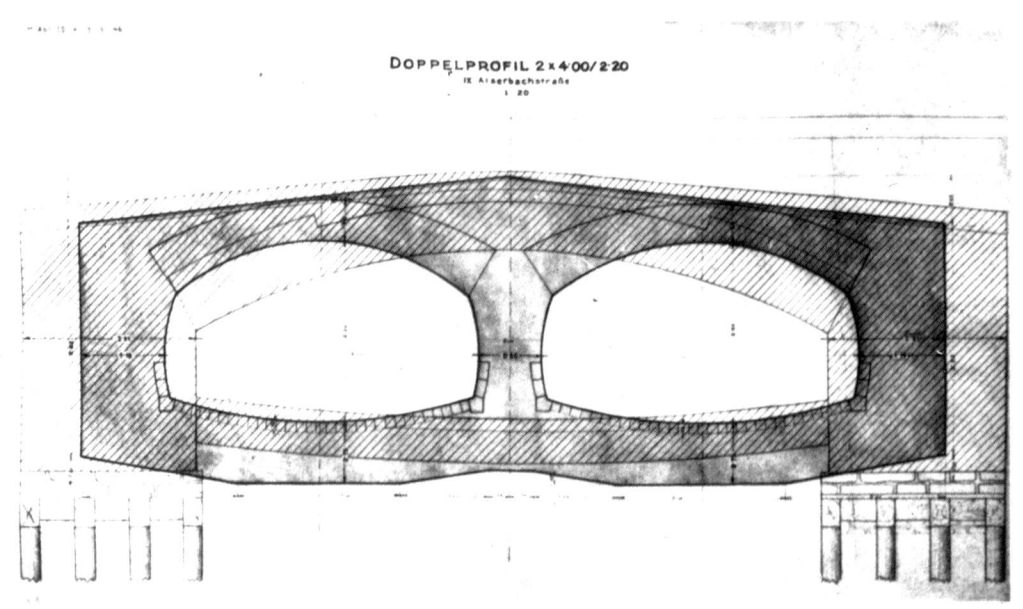

Abb. 59

Der Regelquerschnitt des neuen Doppelprofils, 1946

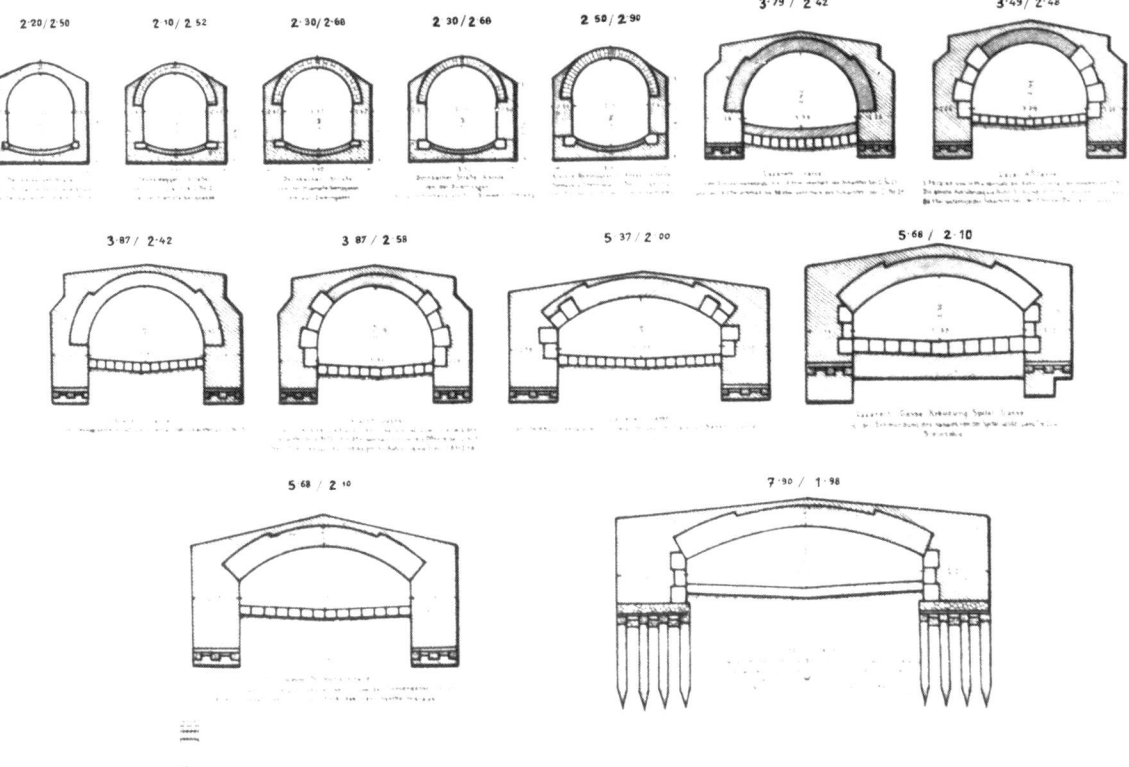

Abb. 60, Die Querprofile des alten Alserbachkanals vor den Umbauarbeiten in der Alserbachstraße, 1947–1953

des zweiten durch die Kinderspitalgasse und die Alser Straße, die Universitätsstraße und den Schottenring verlaufen, und beim Regenauslass „Schottenring" an den Rechten Hauptsammelkanal angeschlossen werden sollte.

Die bereits 1898 vorgeschlagene Trasse des den Währinger Bach ableitenden Kanals wurde jedoch 1908 abgeändert, weil ein Kanal in der vorgesehenen Trasse in absehbarer Zeit nicht auszuführen gewesen wäre. Der neue Währinger-Bach-Kanal sollte vom alten Kanal, an der Einbiegung des Letzteren von der Währinger Straße in die Sempergasse abzweigend, zunächst in Richtung des alten Verlaufs durch die Währinger Straße, dann über den inneren Währinger Gürtel, die Nussdorfer Straße, die Vivenotgasse und die Althangasse zu dem im

Jahre 1901 erbauten, unter der Franz-Josefs-Bahn hindurch gehenden Kanal in der Dimension 2,50 Meter auf 2,05 Meter geführt werden, welcher die Fortsetzung bis zum Regenauslass in der Spittelauer Lände bildete.

Die neue Trasse hatte den Vorteil, dass der Kanalbau in engen Straßen möglichst vermieden wurde und überdies sofort in Angriff genommen werden konnte, während das erste Projekt vorerst eine Hebung des Liechtentals verlangt hätte, welche schon mit Rücksicht auf den vorhandenen Baubestand nicht realisierbar war.

„Es ist leider nicht möglich, den Währinger-Bach-Kanal im Liechtental derart zu projektieren, dass die an ihn angeschlossenen Hauptunrats-kanäle rückstaufrei werden, weil die Tiefenlage des Vorfluters, das heißt des Rechten Hauptsammelkanals, die besonders ungünstigen und tiefen Niveauverhältnisse des Liechtentals … dies unmöglich ma-chen", heißt es dazu in einem Bericht des Stadtbauamts aus jener Zeit.

In den Jahren 1909 bis 1911 wurde der Währinger-Bach-Entlastungs-kanal in der nunmehr geplanten Form mit einem Kostenaufwand von 600.000 Kronen errichtet und somit der Alsbachkanal um 10 Kubik-meter pro Sekunde entlastet. Der größte zur Ausführung gelangte Querschnitt verläuft in der Althahngasse mit einer Breite von 2,50 Meter und einer Höhe von 2,20 Meter. Das alte eingewölbte Bach-bett wurde in der Semperstraße sowie an der Kreuzung Währinger Gürtel – Achamergasse mit dem neuen Kanal durch einen Regenüber-fall bzw. einem Absturzbauwerk verbunden und somit die Möglichkeit geschaffen, im Falle eines Starkregenereignisses die anfallende Regenwassermenge teilweise über die alte Währinger-Bach-Einwöl-bung abzuleiten.

Wie bereits erwähnt gleicht die Trasse der vom unteren Bereich des alten Döblinger Bachs, welcher so zumindest als Kanalbauwerk erhalten blieb.

Nach Abschluss dieser Bautätigkeiten wurden im Jahre 1911 die Arbei-ten am Alsbachentlastungskanal begonnen. Mit Hilfe dieses Bau-werkes würde es möglich werden, bereits tief im Einzugsgebiet der Als eine Entlastung herbeizuführen, um somit die Gefahr einer Über-

Abb. 61, Die Umbauarbeiten im Vereinigungsbauwerk zum Rechten Hauptsammelkanal um 1950

Abb. 62, Das fertig gestellte Vereinigungsbauwerk

Abb. 63
Vermessungsarbeiten
im alten Alserbachprofil,
1947

Abb. 64
Die Arbeiten im neuen
Doppelprofil um 1950

schwemmung in deren Unterlauf möglichst hintan zu halten. Auch hier gelangte die gewählte Trassenführung des Projekts von 1908 zur Ausführung. Die Kosten betrugen 860.000 Kronen. Wie zuvor beschrieben, verlief die Trasse über den Schottenring, die Universitätsstraße, die Alser Straße und die Kinderspitalgasse und endete am Hernalser Gürtel.

Die 1911 aufgeworfene Frage des Baues von Untergrundschnellbahnen in Wien verzögerte die Ausarbeitung des Detailprojekts dieses Entlastungskanals in der Alser Straße und Kinderspitalgasse in der

Strecke von der Landesgerichtsgasse bis zum äußeren Gürtel. Dazu können wir einem Bericht des Stadtbauamts aus dem Jahre 1913 entnehmen: *„Da im Jahre 1908, im Zeitpunkte der Verfassung des generellen Projekts für die Entlastung des Alsbachkanals, die Linienführung der Untergrundschnellbahnen nicht bekannt war, so konnte dieselbe auch nicht berücksichtigt werden."*

Erst im Juli 1912 war die Kommission für Verkehrsanlagen in der Lage dem Stadtbauamt ein generelles Längenprofil und einen generellen Lageplan für eine im Straßenzug Universitätsstraße – Alser Straße – Kinderspitalgasse geplante Untergrundschnellbahnlinie zu übermitteln. Unter Berücksichtigung dieser Behelfe und auf Grund wiederholter Verhandlungen mit den Vertretern der genannten Kommission wurde nun das generelle Projekt des Alsbach-Entlastungskanals in der in Frage kommenden Strecke derart verfasst, dass sich aus dem Bestande des Kanals keine Schwierigkeiten für den Bau- und Betrieb einer Untergrundschnellbahnlinie ergeben werden. Das von deutschen und französischen Bankengruppen vorgesehene Untergrundschnellbahnprojekt gelangte jedoch wegen des Ersten Weltkriegs nicht mehr zur Ausführung.

Durch die Fertigstellung des Entlastungskanals im Jahre 1914 konnte der alte Bachkanal um weitere 18 Kubikmeter pro Sekunde entlastet werden. Der bautechnisch schwierigste Abschnitt dieses Alsbach-Entlastungskanals lag im Bereich Alser Straße – Kinderspitalgasse. Dieses Stück wurde im bergmännischen Tunnelvortrieb auf seiner ganzen Länge unter Tag hergestellt (Abb. 53). Der bis zu zehn Meter tiefe Kanal weist in seinem größten Querschnitt ein Betonprofil von 1,90 Meter Breite und 2,40 Meter Höhe auf.

Später wurde der Kanal in der Hernalser Hauptstraße fortgesetzt. Das bislang modernste Teilstück dieses Entlastungskanals befindet sich zwischen dem Elterleinplatz und der Gschwandnergasse und wurde erst in jüngster Zeit vollendet. Doch anders, als bei den Kanalumbauarbeiten in der Alserbachstraße, wurden die Arbeiten hier, fast gänzlich unbemerkt von der Öffentlichkeit, im unterirdischen Vortrieb durchgeführt, was auch in den Medien entsprechenden Anklang fand. Um das tief liegende Gebiet zwischen Thaliastraße und Neulerchenfelder

Straße vor Überflutung zu schützen, wurden am äußeren Hernalser Gürtel in diesen Sammelkanal auch Teile der Ottakringer-Bach-Entlastung eingeleitet.

Dieser zweite Ottakringer-Bach-Entlaster, welcher im generellen Entlastungsprojekt des Alsbachkanals ebenfalls vorgesehen war, wurde 1916 begonnen und erst in der Zwischenkriegszeit vollendet. Durch den Bau der Entlastungskanäle wurden die 1898 vorgegebenen Ziele erreicht und zugleich eines der wichtigsten Entsorgungssysteme der westlichen Einzugsgebiete Wiens geschaffen.

Abb. 65
Der Regenauslass des Alserbachkanals
nächst der Friedensbrücke, 1990

AM KROTTENBACH – AUF DEN SPUREN EINER HISTORISCHEN LANDSCHAFT

VON SALMANNSDORF NACH DÖBLING

Der Krottenbach entspringt am südlichen Abhang des Dreimarksteins, unweit der bekannten Ausflugsrestauration Häuserl am Roan, und entwässert einschließlich des Arbesbachs ein Niederschlagsgebiet von 1.103 Hektar. Nicht schwer ist für den Besucher der Beginn eines für Wienerwaldbäche typischen V-Tals wenige Meter unterhalb der Höhenstraße zu erkennen, welches im bewaldeten Bereich verlaufend in Richtung Salmannsdorfer Straße zu Tal führt.

Symptomatisch für alle Wienerwaldbäche hatte das intakte Gerinne die Eigenschaft, nach Starkregenereignissen um ein Vielfaches seines Trockenwetterabflusses anzusteigen, und stellte vor allem für die an seinem Oberlauf liegenden Gemeinden Neustift und Salmannsdorf, wo der Bach noch relativ seicht abfloss, eine permanente Überschwemmungsgefahr dar.

Abb. 66, Neustift Anfang des 19. Jahrhunderts, dargestellt sind die beiden Oberläufe des Krottenbachs

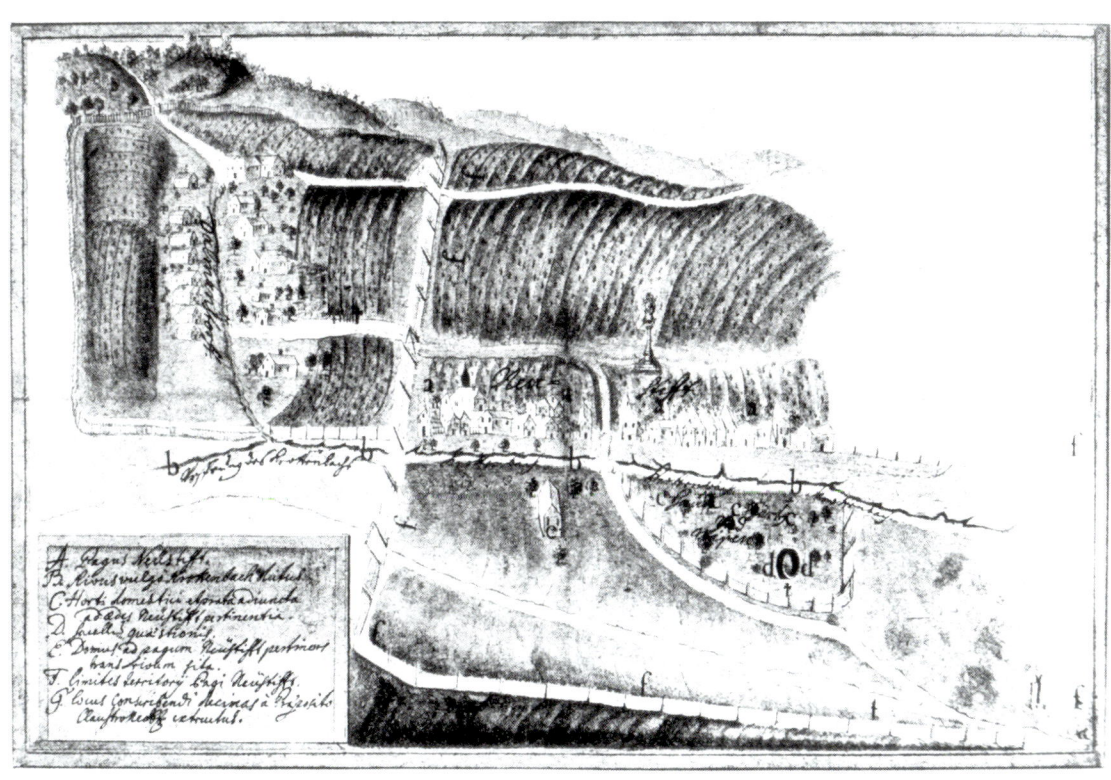

123

Neustift am Walde.

Zum heil. Rochus.

Abb. 67

Die Kirche zum Hl. Rochus in Neustift, um 1900

Auch heute, wo die Kanalisation bis in die Quellgebiete des Wasserlaufs und seiner Zubringer fortgeschritten ist, kann man nach starken Regengüssen noch kleine Bächlein auf der Straße ablaufen sehen, welche der Kanal nicht sofort aufzunehmen vermag.

Wienerwaldböden sind in der Regel nicht oder nur zum geringen Teil versickerungsfähig und den Wasserläufen kam seit je her die Aufgabe zu, die anfallenden Niederschlagswässer in den Donaukanal abzuleiten.

Im Abschnitt Oberdöbling bis Salmannsdorf stellte sich der ehemalige Bachverlauf wie folgt dar: Der Krottenbach erreichte von seinem Quellgebiet am Dreimarkstein kommend die Salmannsdorfer Straße im Kreuzungsbereich mit der Keylwerthstraße, querte diese und floss entlang der Tiefenlinie der Grundstücke Keylwerthstraße/Hameaustraße dem einmündenden Sulzbach zu. Ebenso ist, wie im Abschnitt des Einwölbungsverlaufs über diesen Bereich noch erwähnt wird, ein südlicher, kürzerer Arm des Bachs nachweisbar, welcher vom Dorotheer Wald kommend entlang der hinteren Gärten der Häuserzeile Hameaustraße verlief, um sich ab Höhe Michaelawaldweg mit dem vorgenannten Gerinne sowie dem Krottenbachhauptarm zu vereinigen.

Auf der von der Magistratsabteilung 41 erstellten Stadtkarte im Maßstab 1:2.000 sind die ehemaligen Wasserläufe in der Katastralgemeinde Salmannsdorf auch heute noch auf Grund der Höhenschichtlinien ableitbar.

Der Weinhauerort Salmannsdorf wurde 1279 erstmals urkundlich erwähnt. Der alte Ortskern an der Dreimarksteingasse läßt heute noch die dörfliche Atmosphäre spüren. Die Gemeinde war einst fast doppelt so groß wie Neustift am Wald und hat im Zuge der Eingemeindung zu Wien durch Grenzveränderungen über drei Viertel ihrer Fläche verloren. Der ursprüngliche Bach verlief nun weiter durch die rechts des Straßenzugs anrainenden Realitäten und war bis Rathstraße ONr. 41 großteils überwölbt.

Abb. 68
Die Rathstraße
mit offenem
Krottenbach,
um 1900

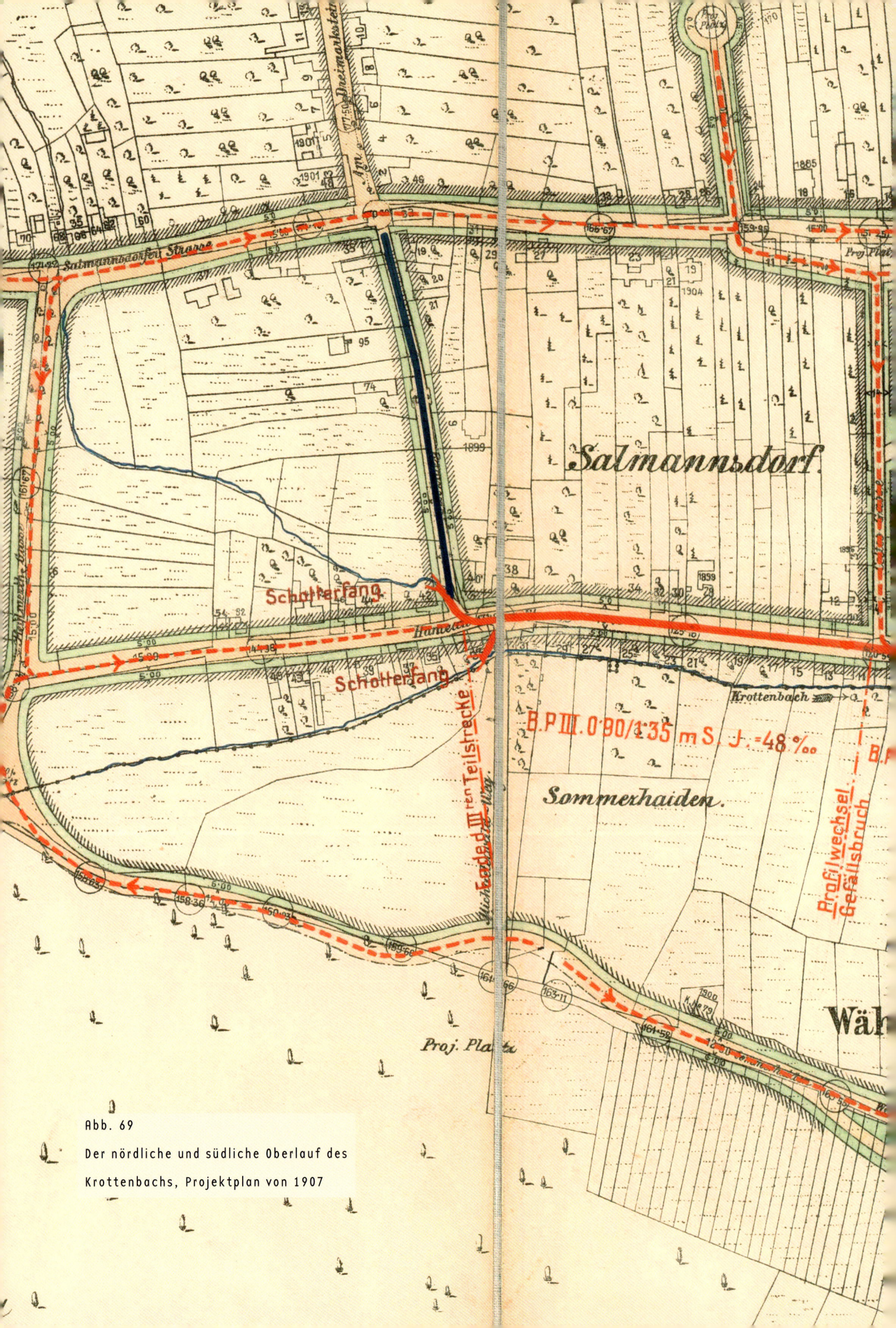

Abb. 69

Der nördliche und südliche Oberlauf des

Krottenbachs, Projektplan von 1907

Zum Zeitpunkt der Grundeinlöse 1894 ist lediglich ein offener Bereich in den Grundstücken zwischen Hameaustraße ONr. 107 und ONr. 101 nachweisbar. Biegt man in den schmalen Fußweg, welcher heute hier abzweigt, ein, wird nur wenige Schritte von der Hauptstraße entfernt dieser Bereich auch heute noch sichtbar.

In diversen Planvergleichen konnten im Zeitabschnitt 1894 bis 1909 verschiedene Widmungen des öffentlichen Guts festgestellt werden, was die genaue Rekonstruktion des ursprünglichen Bachverlaufs erschwerte. In der vorliegenden Arbeit wurde versucht, den Verlauf vor Beginn der Grundeinlösen und der Bauarbeiten in Bezug zur heutigen Situation wiederzugeben.

Die dem Projekt aus dem Jahre 1907 für den zweiten Bauabschnitt zu Grunde liegenden Lagepläne stellen den durch Neustift verlaufenden Straßenzug bereits in neuer Widmung dar, was die Trasse des ehemaligen Wasserlaufs leider verfälscht widerspiegelt. Dadurch ergibt sich zum Beispiel, dass die alte Bachlage großteils mitten im Bereich des heutigen öffentlichen Guts zu liegen kommt, der alte Wasserlauf jedoch vor Inangriffnahme der Bauarbeiten am Rande der Privatgrundstücke verlief. Wie auch dem späteren Kapitel der Einwölbung zu entnehmen ist, wurde der Straßenzug durch Neustift im Zuge der Einwölbungsarbeiten an vielen Stellen durch Grundabtretungen und Servitute reguliert und verbreitert. So im Bereich der Rathstraße auf Seite der ungeraden Ordnungsnummern, aber auch der Abschnitt Neustift am Wald von ONr. 65 bis ONr. 85, sowie der Straßenverlauf bis zur Celtesgasse wurde ausgebaut. Großteils war die alte Fahrbahn des Weinhauerdorfes nur halb so breit wie heute. An jenen Stellen, wo Baulichkeiten bis an die Straße reichten, wurde aus Kostengründen auf deren Ablöse verzichtet und die Trasse so knapp wie möglich daran vorbeigeführt, was in Anbetracht der alten Bausubstanz ein schwieriges Unterfangen darstellte. Die Engstelle der Fahrbahn von ONr. 74 bis ONr. 90 weist noch auf die alte Breite hin.

Bei der Rekonstruktion des ehemaligen Gerinnes muss dieser Umstand berücksichtigt werden, da die Trassenlage des Krottenbachs vielerorts in den alten Vorgärten lag, welche im Zuge der Einwölbung an das öffentliche Gut abgetreten wurden. Ist im weiteren Verlauf daher von

alten Vorgärten die Rede, so betrifft dies die heute öffentliche Verkehrsfläche auf der Seite der ungeraden Ordnungsnummern. Hinter
dem Feuerlösch- und Requisitendepot der städtischen Feuerwehr
oberhalb der alten Bergsteiggasse nach Pötzleinsdorf weitete sich der
schmale Krottenbach zu einem drei Meter breiten, regulierten Gerinne
auf, welches hier vermutlich auch Löschteichfunktion hatte. Auf dieser
Fläche befindet sich heute eine Wohnhausanlage der Gemeinde Wien.

Die Tatsache, dass der Krottenbach nach der Einwölbungsstrecke
wesentlich breiter wieder ans Tageslicht trat, ist neben der Ableitung
von Brauchwasser vor allem auf zusätzliche Gerinne zurückzuführen,
welche der Einwölbung von der Anhöhe der Sommerhaide zugeführt
wurden. Einer dieser Wasserläufe blieb bis in unsere Tage erhalten. Es
war der so genannte Saugraben, das heutige Reumanngerinne. Der
Abschnitt ist ein gutes Beispiel für den seinerzeitigen schmalen
Straßenverlauf. Der Bachkanal liegt heute ungefähr in Straßenmitte.
Die zur Feuerwehr gehörenden Realitäten befanden sich im jetzigen
Fahrbahnbereich und reichten bis knapp an die geplante Kanaltrasse
heran. Dahinter floss der Bach in einer vierzig Meter langen offenen
Strecke und kam dabei ebenfalls noch auf eine Länge von 18 Meter mit
einer Hälfte auf der Fläche des heutigen Gehsteigs und damit im
öffentlichen Gut zu liegen. Erst der restliche Bereich lag auf dem die
nunmehrige Vorgartenfläche der Wohnhausanlage bildenden Grundstück. Nun kann man sich vorstellen, wie viel Platz für die ehemalige
Verkehrsfläche blieb.

Der Wasserlauf querte nun offen die ehemalige Bergsteiggasse, wie
der Straßenzug Neustift am Wald früher benannt war, unter einem
Holzsteg und bog unterirdisch in das Grundstück Neustift am Wald
ONr. 64 ein, welches früher ebenfalls weit in die Fläche der heutigen
Fahrbahn hinein ragte. Im Anschluss floss der Wasserlauf bereits eingewölbt bis zur Realität Rathstraße ONr. 47, um ab hier erneut offen
den alten Vorgärten der Grundstücke mit den ungeraden Ordnungsnummern zu folgen. Zwischen Eyblergasse, welche früher Kirchengasse
hieß, und dem Hauerweg ist die Kanaltrasse ident mit dem ehemaligen
Gerinne und in Straßenmitte zu suchen. Auch hier lag der Bach an der
Grundgrenze der alten Vorgärten. Ab der ONr. 31 schwenkte der Wasserlauf die nächsten 50 Meter bis hinter die heutige Baufluchtlinie ab,

Abb. 70, Die alte Neustiftgasse,
heute Krottenbachstraße, im Biedermeier

erreichte im Anschluss bei ONr. 17 abermals kurz die nunmehrige Straßenachse und verlief in weiterer Folge im heutigen Vorgartenbereich der Objekte ONr. 15 bis ONr. 9.

Ab hier bog das Gerinne nach links, floss über die heutige Fahrbahnmitte, die es vor ONr. 4 erreichte, und verlief in einer geradlinigen Verbindung, tangential die Kreuzung mit der Agnesgasse schneidend, bis zu Krottenbachstraße ONr. 198. Im Abschnitt der Rathstraße zeigt der Grundeinlöseplan ein reguliertes Gerinne, über welches Stege die Verbindung zu den Realitäten herstellten. Ein heute die Mitterwurzergasse entlang zur Agnesgasse verlaufendes Bächlein, welches nun bei der Kreuzung in den Kanal einmündet, floss früher offen entlang der Agnesgasse hier in den Vorfluter.

Ein kurzes Stück blieb der Krottenbach exakt in der Mitte der heutigen Fahrbahn, um nach ONr. 198 in die Tiefenlinie der linksufrigen Grundstücke einzubiegen. In diesem Abschnitt nahm der Bach ein vom Hackenberg über den Wilckensweg abfließendes Gerinne auf.

An der Kreuzung mit der Agnesgasse befand sich einst der erste Neustifter Friedhof. Nach häufigen Überschwemmungen durch den Krottenbach wurde er 1823 aufgelassen und auf ein Grundstück oberhalb der Bergsteiggasse sowie in weiterer Folge 1880 schräg dahinter auf die Pötzleinsdorfer Höhe verlegt.

Ab dieser Kreuzung verließ der Bach die Ortschaft Neustift und schwenkte in unbebautes Land ein. Zur Zeit der Krottenbacheinwölbung hatten sich in diesem Bereich die Reste der noch im Biedermeier so gerühmten Umgebung der Residenzstadt Wien im Wesentlichen erhalten. Damals war hier noch Feld und Flur, so weit das

Abb. 71
Sieveringer Landidylle im Biedermeier, Lithographie von Sandmann
Im Vordergrund ist der Erbsenbach gut ersichtlich

Auge blickte, zum Großteil jedenfalls. Im Vormärz erstreckte sich eine weiche, harmonische Hügellandschaft von den Anhöhen des nordwestlichen Höhenzuges der Wiener Hausberge bis zum Linienwall. Eine Landschaft, die zum Verweilen, Entspannen und Nachdenken einlud, ein Balsam für Körper und Seele.

Die Katasteraufnahme aus dem Jahr 1819 zeigt in diesem Bereich fast ausschließlich Weinbaugebiete. Neustift endete damals knapp nach dem Hauerweg, die Verbindung nach Obersievering über die ehemalige Neustiftgasse, die nunmehrige Agnesgasse, lag bereits deutlich außerhalb des Ortes. Das Dorf wurde 1330 erstmals urkundlich erwähnt und gehörte ursprünglich zu Heiligenstadt. Ab 1414 war der Ort im Eigentum des Augustiner Chorherrnstiftes St. Dorothea, später nach Auflösung des Ordens durch Joseph II. gehörte Neustift zum Chorherrnstift Klosterneuburg. Lange Zeit hatte das Dorf keine eigene Pfarre, die Kinder mussten nach Sievering zur Schule.

1713 wurde eine Kapelle erbaut, aus der 1784 die Kirche zum Heiligen Rochus hervorging. 1728 bekam Neustift auch einen Schulmeister. Um 1820 hatte die Hauergemeinde 37 Häuser. Mitte des 19. Jahrhunderts wurde Neustift zu einer beliebten Sommerfrische, die Anzahl der Baulichkeiten stieg auf über 50. Neustift war für damalige Begriffe durchaus nicht so gut erreichbar wie Dornbach oder Neuwaldegg und erhielt erst 1874 eine eigene Poststation. Damals fühlte man sich weit weg von der Stadt in dem lieblichen Ort am Fuß des Hackenbergs.

Bei dieser Gelegenheit sei ein kurzer Exkurs in ein alljährlich wiederkehrendes gesellschaftliches Ritual einer längst vergangenen Zeit erlaubt.

Anton Wildgans verbrachte als Kind viele Monate in den verschiedensten Sommerfrischen um Wien. Wie damals üblich, mietete der Vater je nach Maßgabe der finanziellen Verhältnisse entweder ein Zimmer in einem bäuerlichen Anwesen oder ein Haus mit Garten, in dem die Familie den Sommer verbrachte, während das Familienoberhaupt täglich die Strapazen einer langen und beschwerlichen Anreise zu seinem Arbeitsplatz in der Stadt in Kauf nahm. Später erinnerte sich der Dichter:

„Da hatte solch ein Bedauernswerter in der Gluthitze der hochsommerlichen Stadt meist bis in den tiefen Nachmittag hinein bei seinen Akten, Geschäftsbüchern oder sonstigen Hantierungen verbracht, hatte womöglich – wie es mein Vater zu tun pflegte – während des lieben langen Tages außer dem Frühstück nichts anderes als eine sehr verspätete Kaffeehausmahlzeit zu sich genommen und musste dann noch an die anderthalb Stunden und länger in der drangvollfürchterlichen Enge eines jener Stellwagen über glühendes Pflaster oder staubige Landstrassen dahinstolpern, ehe er endlich gegen Abend abgehetzt und verschwitzt an seinem ländlichen Bestimmungsorte angelangte. Und dies für nur einige Atemzüge in kühlerer freier Luft und im übrigen, um die Nächte in meist zu kurzen und zu schmalen strohsackharten Kleinhäuslerbetten zu verbringen und anderntags wieder in aller Frühe den fensterklirrenden, brutofendumpfen, nach heißer Lederpolsterung stinkenden Rumpelkasten in die Stadt zurück zu besteigen."

Abb. 72, 73

Die Strehlgasse war die alte Hauptverbindung nach Neustift

Hie und da wurde der eintönige Tagesablauf von einem Dorffest oder fahrenden Musikanten unterbrochen, ein besonderer Höhepunkt für Einheimische und Sommergäste gleichermaßen waren jedoch die kaiserlichen Sommermanöver. 1888 verbrachte Wildgans als siebenjähriger einen Sommer in der Neustifter Nachbargemeinde Pötzleinsdorf. *„In aller Herrgottsfrühe, wenn das Zivil noch in den Federn lag, pflegten sie zu beginnen und so um 11 Uhr vormittags waren sie meistens zu Ende. Da rückten dann die Regimenter von der Salmannsdorfer oder Neuwaldegger Gegend her durch den Ort und zwar Freund und Feind, der letztere durch weiße Binden an den Kappen gekennzeichnet … Befehle ertönten, Signale schmetterten, und die strengen Doppelreihen lösten sich im Nu zum heitersten Durcheinander eines Feldlagers.“*

Und wenn man Glück hatte, konnte man für wenige Augenblicke den Kaiser sehen, der für gewöhnlich einmal im Jahr seine Truppen während der Manöver in Pötzleinsdorf inspizierte. Zum Zeitpunkt der Eingemeindung hatte Neustift 483 Einwohner.

Zu Beginn des 20. Jahrhunderts spürte man schon vermehrt den Einfluss der Großstadt, dem sich letztendlich auch die alten Hauergemeinden nicht ganz entziehen konnten und zunehmend häufte sich die Zahl an Schornsteinen, welche zwischen den lieblichen Winzer- und Bauernhäusern vereinzelt emporragten.

Wer heute von Döbling nach Neustift fährt, benützt die Krottenbachstraße so selbstverständlich, als hätte es den Straßenzug schon immer gegeben. Nur Eingeweihte erkennen an der Anlage des breit und geradlinig verlaufenden Verkehrsweges einen planmäßig konzipierten Straßenverlauf. Die heutige Krottenbachstraße verdankt ihre Existenz der Einwölbung des Krottenbachs.

Für Fuhrwerke, welche noch zur Jahrhundertwende von Döbling nach Neustift gelangen wollten, stellte sich der Weg noch wie folgt dar: Von Döbling kommend benützte man dazu die so genannte Neustiftgasse, deren Verlauf ursprünglich etwas südlicher der heutigen Abzweigung der Krottenbachstraße von der Billrothstraße begann. Bis in Höhe der Langenaugasse wurde der Verkehrsweg im Zuge der ersten Bauetappe der Bacheinwölbung 1894 bereits begradigt und verbreitert. Der

Abb. 74

Die Form des Fußweges

im ehemaligen

Irrenhausgarten erinnert

noch an den alten

Bachverlauf

Straßenzug war bereits als öffentliches Gut im Grundbuch vermerkt.
Ab hier folgte er jedoch noch in ursprünglicher Breite von ungefähr
drei Metern den anrainenden Flurgrenzen. Bei ONr. 223, wo heute ein
Fußweg von der Krottenbachstraße zur Raffelsbergergasse führt,
verließ der Weg die heutige Trasse, verlief durch die nunmehrigen
Realitäten der ungeraden Ordnungsnummern und bog im Anschluss
in die heutige Strehlgasse ein, welche früher zum gleichen Straßenzug

gehörte. Nun fuhr man zwischen den Weingärten bergauf und hatte einen schönen Ausblick auf den gegenüber liegenden Höhenzug des Hackenbergs.

Realitäten gab es in diesem Abschnitt so gut wie keine. Noch 1894 ist nur ein einziges Anwesen im Bereich der heutigen ONr. 20 mit der Adresse Krottenbach 125 registriert.

Die Strehlgasse hat bis heute im Wesentlichen ihr urtümliches Erscheinungsbild behalten. Auf der Pötzleinsdorfer Höhe erreichte man die Bergsteiggasse, welche vom beliebten Sommerfrischeort Pötzleinsdorf kommend in die Nachbargemeinde hinabführte. Bis 1908 war die Bergsteiggasse die Hauptverkehrsader nach Neustift. Von hier konnte man über die Sieveringer Straße, die heutige Rathstraße, und die Agnesgasse, welche auch namensmäßig die Fortsetzung der Neustiftgasse führte, nach Obersievering gelangen. Von der Agnesgasse bis zur Krottenbachstraße ONr. 223 verlief der Bach also ausschließlich durch Privatgrundstücke. Die Bachtrasse kam hauptsächlich im Bereich der heutigen Krottenbachstraße zu liegen, wenngleich das Gerinne mehrmals zwischen linkem und rechtem Böschungsfuß mäandrierte. Ab dem Wilckensweg bog der Bach auf die Seite der ungeraden Ordnungsnummern, wechselte bei ONr. 267 erneut die Seite, um ab der ONr. 245 bis zur einmündenden Strehlgasse im Vorgartenbereich der nunmehrigen Realitäten abzufließen. Unmittelbar vor der Strehlgasse querte der Bach die heutige Straße in einem rechten Winkel und schwenkte in den Fußweg der Kleingartenzeile an der Krottenbachstraße ein.

An den Schichtenlinien der Stadtkarte ist heute noch die Tiefenlinie am Böschungsfuß des Hackenbergs ablesbar. Etwa ab der Mitte der darauf folgenden Wohnhausanlage mündete der Bach wieder in den Fahrbahnbereich ein. Nach der Glanzinggasse schwenkte der Wasserlauf erneut nach links und floss im Bereich Silvaraweg und Labanweg, ehe er bei der heutigen Börnergasse in Richtung Krottenbachstraße einbog. 1908 sah die Flächenwidmung für diese beiden Bachschlingen zwei großflächige Parkanlagen vor. Heute wird das Gebiet zu Wohnzwecken genützt. Die alte Bachtrasse erreichte die Krottenbachstraße bei ONr. 95, verlief ein Stück in der ehemaligen Neustiftgasse und schwenkte nach der Kratzlgasse einem alten Feldweg folgend wieder nach links ein, mäandrierte hinter dem Oberdöblinger Notspital und floss diagonal zur Saileräckergasse, welche der Wasserlauf bei ONr. 32 erreichte. Diese lief der Bach ab der Sollingergasse bis kurz vor die Flotowgasse entlang. Das alte Notspital stand übrigens in Höhe Görgengasse ONr. 2. Von da an floss das Gerinne in den hinteren Gärten der Häuserzeile Neustiftgasse ungefähr in gedachter Verlängerung der Saileräckergasse, unterfuhr die Haspingerbrücke in der Obkirchergasse und folgte ab dieser weiter den Gärten der Häuserzeile Neustiftgasse bis zum Beginn der heutigen Leidesdorfgasse. In weiterer Folge schwenkte der Wasserlauf mit einem S-Bogen in die Parkanlage des ehemaligen Irrenhauses ein und folgte dem Böschungsfuß bis zur heutigen Billrothstraße, welche damals in diesem Abschnitt Grinzinger Straße hieß. Die Haspingerbrücke befand sich im Bereich des Stoßes der Häuser Obkirchergasse ONr. 2 und ONr. 4.

Bis in unsere Zeit hat der ehemalige Wasserlauf die hofseitigen Grenzen der Baulichkeiten Krottenbachstraße 8–16 beeinflusst. Der schräge

Abb. 75

Die Villa Henikstein in Döbling

Bachverlauf ist an Hand der Einfriedungen ablesbar. Besonders gut ist das Tal des Wasserlaufs auf dem Areal ONr. 6 von der Leidesdorfgasse aus zu erkennen, welches derzeit von der Magistratsabteilung 48 genützt wird. In der Zufahrtsstraße hat sich die Eintiefung des Bachs erhalten, welcher nach einem Rechtsbogen entlang des Böschungsfußes des Lagerplatzes verlief, um nach der Vorortetrasse mit einem Linksbogen in den Einschnitt zwischen Leidesdorfgasse und Parkanlage einzuschwenken. In früheren Zeiten befand sich im Bereich der späteren Irrenanstalt die so genannte Rote Mühle am Krottenbach sowie eine Eisenhammerschmiede. 1784 ging das Anwesen in den Besitz des Adam Adalbert von Henikstein über, welcher ein prunkvolles Landhaus mit Park und Teich an dessen Stelle errichten ließ.

Ab 1830 wurde das Gebäude Privatirrenanstalt des Dr. Görgen und wechselte danach mehrmals die Besitzer. Unter ihnen befanden sich auch Prof. Leidesdorf und Hofrat Obersteiner. Prominentester Patient der Anstalt war wohl Nikolaus Lenau, welcher ab seiner Einlieferung 1847 seine letzten Lebensjahre in geistiger Umnachtung in der Irrenanstalt verbrachte und 1850 auch darin verstarb. Seit 1991 befindet sich das Bezirksgericht Döbling in der Heniksteinvilla.

Im Bereich des Parks verlief der Bach großteils zwischen mit Holzbohlen und Ziegelmauern befestigten Ufern und erreichte kurz vor der ehemaligen Grinzinger Straße, wo er nur mehr linksufrig verbaut war, ein mit ca. acht Metern relativ breites und 1,50 Meter tiefes Bachbett. In diesem Verlauf nahm der Krottenbach den aus Sievering kommenden, größeren Arbesbach auf. Dort, wo sich die gedachte Verlängerung der Arbesbachgasse mit dem Fußweg schneidet, mündete vor 1894 der auch als Erbsenbach und in seinem Oberlauf als Sieveringer Bach bezeichnete Wasserlauf in den Vorfluter ein. Die Fläche dient heute einer öffentlichen Mittelschule. Die Einmündung erfolgte seinerzeit unmittelbar vor der Teichanlage am Fuß des Parkhügels.

Vorhandene Urgeländeaufnahmen in diesem Abschnitt zeigen den unregulierten Erbsenbach in einem bis zu 15,50 Meter breiten und erstaunlich tiefen Graben. Im Bereich der Friedlgasse war das Trapezprofil des Bachs knapp 6,50 Meter tief. Gemäß Geometeraufnahme war die Kreuzung 1889 bereits eingewölbt. Die Sohle verlief in einer

Breite von drei Metern. Erst nach der Obkirchergasse wurde das Bachbett seichter, und seine Ufer langsam flacher. Der Bereich der Obkirchergasse war ebenfalls überbrückt. Mit Eintritt des Arbesbachs in die Parkanlage ist ein reguliertes, rechteckiges Bett mit befestigter Sohle nachweisbar, die maximale Breite betrug 2,50 Meter, die größte Tiefe 1,20 Meter. An der Kreuzung mit der ehemaligen Lerchengasse, welche sich zu einem rechteckigen Platz aufweitete, bestanden zwei hölzerne Brückenübergänge. Die Lerchengasse wurde erst 1894 zu Ehren des 1889 verstorbenen Psychiaters in Leidesdorfgasse umbenannt.

Steht man heute an dieser Kreuzung, ist auf Grund der Einfriedungen der Bereich des Gymnasiums nur schwer einsehbar. Ein verwegener Blick über den Holzzaun des Grundstücks Leidesdorfgasse ONr. 14 lässt uns noch einen letzten Rest des alten Wasserlaufs in direkter Verlängerung der Arbesbachgasse erkennen. In der Tiefenlinie stehen heute Nadelbäume.

Abb. 76, 77
Der Arbes- oder
Erbsenbach
in Sievering
um 1960

1894 bis 1896 wurde der Arbesbach eingewölbt, und zwar auf eine Länge von 1.364 Meter bis zur Sieveringer Straße ONr. 83. Die wasserrechtliche Bewilligung wurde am 25. Oktober 1894 sowie am 9. Dezember 1894 von der seinerzeit zuständigen k. u. k. Bezirkshauptmannschaft Tulln erteilt. Im Jahre 1908 lag auf Grund zwingender Notwendigkeiten bereits ein Projekt zur Verlängerung der Einwölbung bis zum Linienamt vor. Selbst die eingesetzte Grundeinlösekommission beklagte die arge Geruchsbelästigung, welche durch Einleiten von Fäkalien in der wärmeren Jahreszeit zu verzeichnen war. 1909 mussten Ablöseverhandlungen wegen eines aufgetretenen Typhusfalles sogar im Freien durchgeführt werden, da das Betreten des betroffenen Objekts amtsärztlich untersagt war.

Die Umsetzung der Einwölbung scheiterte dennoch an den zu hohen Grundablöseforderungen der Anrainer. In einem Bericht an den Stadtrat teilt der Magistrat 1910 mit: „... *die Eigentümer der Realitäten* ...

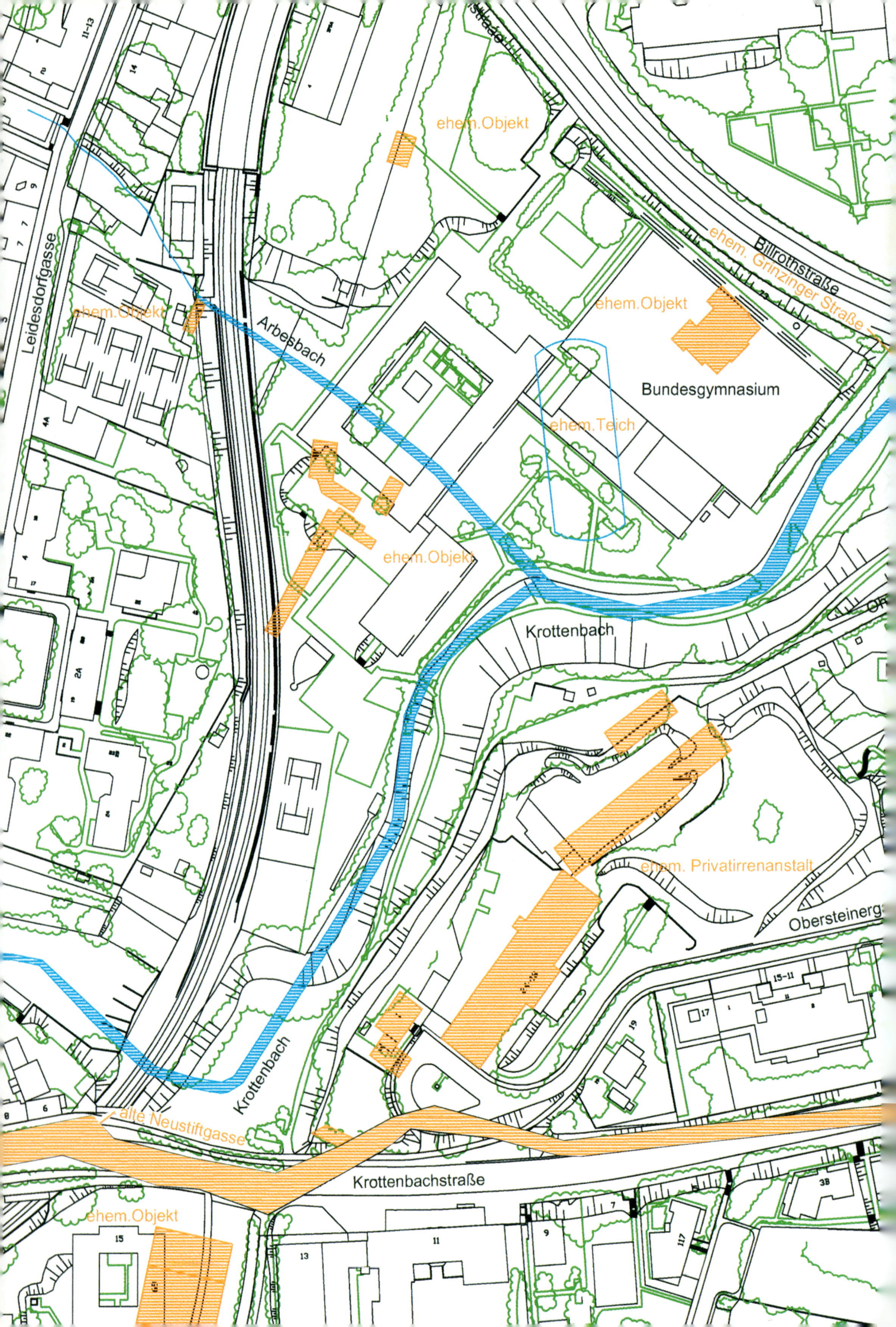

ehem. Objekt

ehem. Billrothstraße

ehem. Grinzinger Straße

ehem. Objekt

Bundesgymnasium

ehem. Teich

Leidesdorfgasse

ehem. Objekt

Arbesbach

ehem. Objekt

Krottenbach

ehem. Privatirrenanstalt

Obersteinerg

alte Neustiftgasse

Krottenbach

Krottenbachstraße

ehem. Objekt

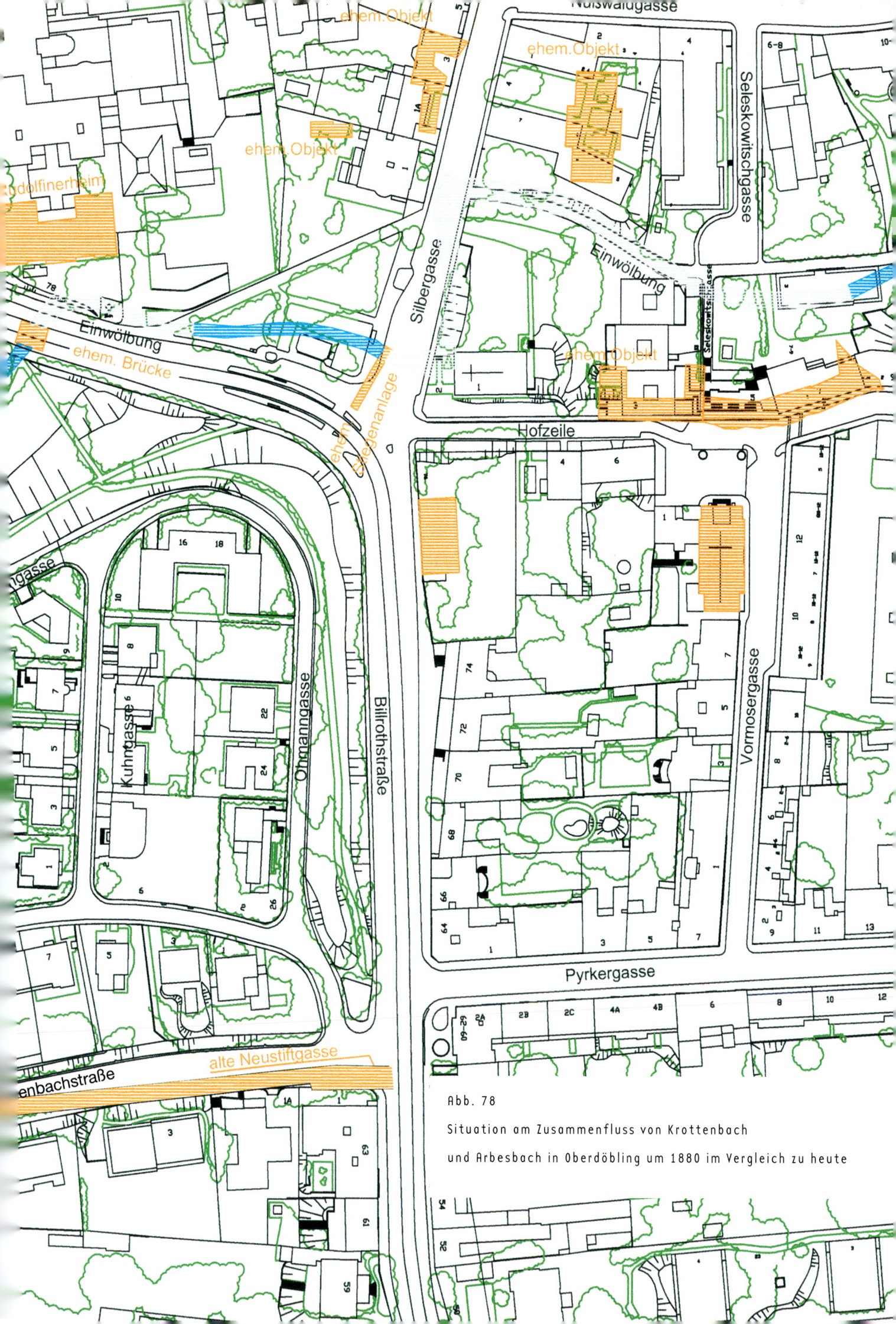

Abb. 78

Situation am Zusammenfluss von Krottenbach
und Arbesbach in Oberdöbling um 1880 im Vergleich zu heute

stellten, ungeachtet ihrer fortwährenden Beteuerungen der Gemeinde Wien ja keine Schwierigkeiten bereiten und nicht das Geringste über Gebühr verlangen zu wollen, trotz wiederholter Intervention der Kommission so exorbitante Forderungen für die Einlösung ihrer zum Teile schon sehr altertümlichen und altersschwachen Häuser, dass die Kommission schließlich zur Einsicht kommen musste, dass hier jedes weitere Verhandeln aussichtslos sei."

Die Einwölbung des über 4.300 Meter langen Sieveringer Gerinnes, welches in seinem Oberlauf auch heute noch ober Tag fließt, wurde, um die hygienischen Missstände zu beseitigen und die Hochwassergefahr zu bannen, erst in den Jahren 1954 und 1955 im alten Ortskern fortgesetzt, zuerst um 983 Meter bis ONr. 175a, in weiterer Folge in den sechziger Jahren um 466 Meter bis zur Agnesgasse. Das Profil besitzt eine Dimension von 1,30 Meter Breite und 1,80 Meter Höhe. Der Erbsen- oder Arbesbach quert die Sieveringer Straße zwischen

Abb. 79
Die alte Bachtrasse verlief durch
den Vorgarten des Rudolfinerhauses

ONr. 223 und ONr. 168 in einem eigenen Bachprofil und mündet erst nach ONr. 164 in die Einwölbung ein. Der Arbesbach hat eine Niederschlagsfläche von 550 Hektar.

Die Meldungen, welche den Medien 1965 zu entnehmen waren, könnten auch aus dem vorigen Jahrhundert stammen. Obwohl bereits siebzig Jahre seit dem letzten großen Einwölbungsprogramm der Stadt Wien vergangen waren, sind erstaunliche Parallelen zu den technischen Berichten des Stadtbauamts oder den Schlagzeilen eines Illustrierten Wiener Extrablattes zu bemerken. Zum Beispiel wird berichtet: *„Seit der Hochwasserkatastrophe im Sommer 1959, an die sich die Sieveringer noch heute mit Entsetzen erinnern, – der gutmütig aussehende Erbsenbach war damals zu einer riesigen Flutwelle angeschwollen, die ganz Sievering überschwemmte –, war dieses Projekt als besonders dringend empfohlen worden."*

Und noch etwas erinnert an die Zeit der großen Bacheinwölbungen: *„ … abgesehen davon klagten nicht nur die Anrainer, sondern auch viele Spaziergänger über die nicht gerade angenehmen Gerüche, die dem Bach in den Sommermonaten entsteigen."* Und es wäre nicht Wien, würde nicht auch ein Hauch von Sentimentalität und Wehmut die Arbeiten begleiten: *„Jetzt hat Sievering nur noch den Wein, … eines der letzten Wahrzeichen von Wien hat ausgeplätschert."*

In diesem Zusammenhang sei hier kurz auch der ehemalige und heutige Verlauf des wichtigsten Zubringers des Krottenbachs näher beschrieben: Das Quellgebiet des Arbesbachs, dessen Oberlauf aus mehreren Seitenarmen besteht, reicht von den Anhöhen des Dreimarksteines bis zum Cobenzl. Der Bach verläuft in weiterer Folge zwischen der Sieveringer Straße und dem Spießweg und mündet heute nach Aufnahme des Gspöttgrabens bei der Agnesgasse in den bestehenden Bachkanal ein.

Das ehemalige Gerinne mäandrierte abwechselnd rechts und links hinter den anrainenden Häuserzeilen und bog kurz nach der Agnesgasse in die Sieveringer Straße ein. Hier floss der Bach auf der Seite der ungeraden Ordnungsnummern bis zur Pfarrkirche St. Severin, bog erneut hinter die rechte Häuserzeile ab, um ab der Brechergasse in diagonalem Verlauf die Straßenseite zu wechseln.

Protokoll

aufgenommen von der k. k. Bezirkshauptmannschaft Tulln,
am 25. October 1894.

Gegenstand ist die commissionelle Verhandlung über das Project der Gemeinde Wien für die Verlegung und Einwölbung des Arbes= (Erbsen)=Baches im XIX. Bezirke von der Einmün= dung in den eingewölbten Krottenbach aufwärts bis zum Hause O.=Nr. 83, Hauptstraße in Sievering im XIX. Bezirke.

Gegenwärtige:
Die Gefertigten.

Nachdem die k. k. Bezirkshauptmannschaft Tulln mit Erlaß der hohen k. k. niederösterr. Statt= halterei vom 20. August 1894, Z. 64.193, gemäß § 72 des niederösterr. W.=R.=G. vom 28. August 1870, L.=G.= und V.=Bl. Nr. 56, als jene Behörde bestimmt worden ist, welche über das oberwähnte Project zu verhandeln und zu entscheiden hat, wurde über Ansuchen des Wiener Magistrates namens der Stadt= gemeinde Wien die commissionelle Verhandlung im Sinne der §§ 78 und 80 des bezogenen Gesetzes für Donnerstag den 25. October 1894 anberaumt, das bezügliche Edict an der Amtstafel der Bezirks= hauptmannschaft Tulln und an der des magistratischen Bezirksamtes für den XIX. Bezirk durch 4 Wochen affigiert, dreimal in der Wiener=Zeitung kundgemacht und hiezu der niederösterr. Landesausschuß, die k. k. Polizei= Direction, die General=Direction der k. k. österr. Staatsbahnen, die Commission für Verkehrsanlagen, die k. k. General=Inspection der österr. Eisenbahnen, die Donau=Regulierungs=Commission, sowie die sonstigen Interessenten speciell eingeladen.

Von den oberwähnten Behörden, mit Ausnahme des niederösterr. Landesausschusses und der Donau= Regulierungs=Commission in Wien, sind Vertreter erschienen.

Einwendungen gegen das Project wurden während des Aufliegens der Pläne bei dem magistra= tischen Bezirksamte für den XIX. Bezirk weder dort, noch bei der Bezirkshauptmannschaft Tulln eingebracht.

Zunächst wurde an der Hand der vorgelegten Projectsbehelfe die Begehung der projectirten Einwölbungstrace, sowie des abzuleitenden Theiles des Erbsenbaches vorgenommen und hat hiebei die Eigen= thümerin des Hauses Nr. 58, Sieveringer Hauptstraße, Johanna Schreiber, die in dem Protokolle (Beilage I) aufgestellte Forderung hinsichtlich des am Ende der derzeit projectirten Einwölbung herzustellenden Schotter= fanges vorgebracht, welcher die Commune nachzukommen, sich bereit erklärt hat.

Ferner hat Johann Weinzinger als Vertreter der Besitzer einer Anzahl von Parcellen, welche am abzuleitenden Theile des Erbsenbaches gelegen sind (Eheleute Johann und Wilhelmine Weinzinger), hinsichtlich der Ableitung der Niederschlagswässer von diesen Grundstücken die in der Beilage II enthaltene Forderung aufgestellt, daß nach der Durchführung des Projectes die derzeit bestehenden natürlichen Abfluß= verhältnisse nicht beirrt oder aufgehoben werden.

Vom technischen Standpunkte wird zum vorliegenden Projecte Folgendes bemerkt:

Die heute in Verhandlung stehende Umlegung des Erbsenbaches bezieht sich auf jenen Theil der von der Gemeinde Wien projectirten 4 km. langen Einwölbung des Erbsenbaches, welcher sich von dem Hause O.=Nr. 83 der Sieveringerstraße bis zur Einmündung in den Krottenbach erstreckt.

Die Einwölbung des Krottenbaches wurde in der Strecke, welche durch das gegenwärtige Project berührt wird, von der k. k. Bezirkshauptmannschaft Tulln mit der Entscheidung vom 18. December 1893, Z. 25.846, genehmigt.

Unmittelbar am Beginne der heute in Verhandlung stehenden Einwölbung, und zwar in Kilometer 2·620, ist ein Schotterfang projectirt, welcher im Allgemeinen dem beabsichtigten Zwecke entsprechend ist und welcher nach der im Protokolle (Beilage I) angegebenen Weise abzuändern wäre. Am Ende der Einwölbung, beziehungsweise bei der Einmündung in den Krottenbach ist ein Einbindungsstutzen im letzteren Bache hergestellt

Abb. 80
Protokoll,
25. Oktober
1894

144

Vorbei am seinerzeitigen Badehaus „Helenenbad" beim heutigen Schatzlsteig floss das Gerinne der Windhabergasse zu. Des Weiteren ist der ehemalige Gerinneverlauf zwischen Sieveringer Straße und Windhabergasse zu suchen. Diese verlief einst nur bis zur Bellevuestraße, welche sie mit der Sieveringer Straße verband. Genau dieser heute noch bestehenden Fußwegverbindung folgte der Bachverlauf.

In Höhe der heutigen Börnergasse bog die Trasse von der Hauptstraße ab und folgte dem jetzigen Gräfweg in die Arbesbachgasse, um wie bereits beschrieben schließlich in den Krottenbach zu münden. Obwohl in den letzten Jahrzehnten viel gebaut wurde, lässt sich mancherorts der ehemalige Bachverlauf noch erahnen. Alte Grundstücksparzellen geben auch Aufschluss über den ursprünglichen Geländeverlauf. Soviel vom Arbes- oder Erbsenbach, doch nun wieder zu seinem Vorfluter.

Der Krottenbach querte vom Park des Irrenhausgartens kommend die heutige Billrothstraße unter einer Brücke in einem 6 Meter/3 Meter großen, maulprofilähnlichem Durchlass und schwenkte in die Realität des Rudolfinerhauses ein. In diesem Bereich war das Gerinne seit Beginn der Bautätigkeiten am Spital bereits auf eine Länge von 55 Meter notdürftig eingewölbt. Die Arbeiten am 1882 gegründeten Rudolfinerhaus, welches nach einem Programm des bekannten Chirurgen und Musikliebhabers Theodor Billroth entstanden war, wurden 1894 abgeschlossen.

Interessanterweise wurde das Profil nicht eingeschüttet, was entweder darauf schließen lässt, dass man bereits wusste, dass sein Bestand nur von geringer Dauer war oder das Provisorium war nicht tragfähig genug.

Im Zuge der Kanalisierung wurde es funktionslos und durch den neuen Ziegelkanal mit Sohlenausbildung ersetzt, vermutlich abgebrochen. Im Anschluss daran durchlief der Bach wieder ober Tag, erst straßenseitig dann an beiden Ufern mit Ziegelwänden verbaut, jene Fläche, welche heute die kleine Parkanlage an der Kreuzung mit der Silbergasse bildet.

In diesem Bereich hatte das Bett des Wasserlaufs einen trapezartigen Querschnitt. Die Länge der Sohle betrug sieben Meter, die Höhe des Bachbettes maß 1,5 Meter.

Kurz vor der Silbergasse verengte sich das Gerinne auf einen Rechtecksquerschnitt von 3,5/2,0 Meter und mündete bei der seinerzeitigen Ortseinfahrt von Oberdöbling in ein Einlaufprofil ein.

DER UNTERLAUF

In den letzten 100 Jahren hat sich das landschaftliche Erscheinungsbild der einstigen Sommerfrischen Ober- und Unterdöbling grundlegend verändert. Ob die großen niveaumäßigen Regulierungen im Verlauf der Billrothstraße, die Bauarbeiten der Vorortelinie, die rasante Verbauung der alten Ortskerne oder eben die Einwölbungsarbeiten am Krottenbach, nur an ganz wenigen Orten ist mit einiger Phantasie und Sachkenntnis die ehemalige Landschaft noch vorstellbar. Der Bach trennte in seinem tief eingeschnittenen Unterlauf die beiden ehemaligen Vorortgemeinden Ober- und Unterdöbling.

Abb. 81
Die ehemalige Sommerfrische Döbling
im Vormärz

Wien und Döbling.

147

Abb. 82, Das Tal des Krottenbachs
vor Beginn der Einwölbungsarbeiten,
Blickrichtung Hackenberg

Der Name Döbling leitet sich vermutlich aus dem mittelhochdeutschen Tobel ab, was soviel wie tiefgefurchte, enge Bachrinne bedeutet. Wollte man die Trasse des alten Bachs im Döblinger Raum mit einem Satz beschreiben, wäre wohl nichts zutreffender und charakteristischer.

Heute freilich ist es schwer vorstellbar, dass dieser längst vergessene Wasserlauf die topographischen Verhältnisse seiner näheren Umgebung entscheidend beeinflusst und mitgeformt hat. Bekannt ist jedenfalls, dass die Vorortgemeinde Unterdöbling, welche so wie ihr Nachbar zu den ältesten Ansiedlungen im Wiener Raum gehört und deren Gründung wahrscheinlich auf das 9. Jahrhundert, also in slawische Zeit zurückgeht, bis in das 16. Jahrhundert hinein Krotten-dorf genannt wurde, was sich wahrscheinlich vom benachbarten

Wasserlauf abgeleitet hat. Die älteste urkundliche Erwähnung stammt aus dem Jahre 1141.

Beliebt war die Region schon bei den Römern, welche die Vorzüge dieser uralten Weinbaugegend sehr wohl zu schätzen wussten. Sie brachten zwar nicht den ersten Rebstock nach Heiligenstadt, wie es die Sage den Legionären des Kaiser Probus zuschreibt, waren jedoch große Meister der Veredelungskunst. Dies hatte seine guten Gründe. Ein Teil ihres Soldes wurde den Legionären nämlich in Wein ausbezahlt. Um sich den langen und unwirtschaftlichen Transport italienischen Weins in unsere Breiten zu ersparen, kultivierte man eben die keltischen Reben. Bekannt ist die Existenz eines römischen Wachturms in Döbling zum Schutz der Heeresstraße.

Weinbau blieb bis in unser Jahrhundert hinein eine wesentliche Domäne der Ansiedlungen am Fuß des Kahlenbergs. Die Weintraube ist auch das Wappenzeichen von Oberdöbling. *„Feldbau ist hier unbedeutend, die Weingärten aber bringen guten Wein hervor, welcher der größte Ernährungszweig der Bewohner ist"*, können wir einer Schilderung aus der Biedermeierzeit entnehmen.

Kaiserin Maria Ludovica (1787–1816), die dritte Gattin von Franz I., dem Verkünder des Endes des Heiligen Römischen Reichs, ließ sich in Döbling einen Sommersitz errichten und eröffnete somit den Reigen der vornehmen Sommergesellschaften. Das Areal befand sich im Bereich der Döblinger Hauptstraße 72–78 und wurde nach dem Tod der Kaiserin 1820 parzelliert. Viele angesehene Familien folgten ihrem Beispiel. Allerorts entstanden repräsentative Sommervillen.

Franz Anton Gaheis (1739–1809) schrieb zu Beginn des 19. Jahrhunderts über Döbling: *„Döbling, dieser des schönsten Zeitalters der Monarchie würdige Luxus wuchs wie eine Blume auf sorgfältig gepflegtem Boden aus den Spekulationen der Industrie hervor. Die Industrie vermählte sich hier mit dem ländlichen Vergnügen. Der Küchengartenbau wird hier, selbst von weiblicher Hand, mit einer Sorgfalt betrieben, welche nichts zu wünschen übrig lässt. Man findet hier Damen und Mädchen, welche mit ebensoviel Einsicht über die Pflege der Pflanzen und Blumen, und zwar nach eigener Ansicht und Erfahrung, sprechen, als sie mit Geschmack dem Fortepiano himmlische Töne entlocken."*

Gaheis, Pädagoge, Magistratsbeamter und Lokalhistoriker, veröffentlichte zwischen 1797 und 1808 in sieben Bänden seine Wanderungen und Spaziergänge in die Gegend um Wien.

Ab der zweiten Hälfte des 18. Jahrhunderts entstanden in Oberdöbling eine Reihe von Betrieben, welche vor allem auch im Textil verarbeitenden Bereich tätig waren. Neben der mondänen Gesellschaft kamen auch viele Bürger zur Sommerfrische. Sie genossen die frische Landluft, welche die liebliche Gegend am Wienerwald bot und besuchten die zahlreichen Ausflugsgaststätten oder fuhren nach Döbling oder Heiligenstadt zur Kur. Das Döblinger Badhaus, deren Quelle 1814 entdeckt wurde, hatte um 1820 bereits 18 Wannen. Und so manch illustre Runde

150

nutzte das Unterhaltungsangebot im beliebten Nusswaldl oder promenierte an lauen Sommerabenden am nahen Ufer des Krottenbachs.

Die Harmonie der Landschaft zog auch viele Künstler an, die sich vom Gleichklang der Natur inspirieren ließen. Einer der berühmtesten Sommergäste jener Zeit war zweifellos Ludwig van Beethoven. Seine Musik ist voll von in Noten gesetzten lyrischen Empfindungen, welche im Verlauf seiner ausgedehnten Spaziergänge in ihm reiften. Dem sanften Plätschern des Schreiberbachs verdanken wir bekanntlich den zweiten Satz seiner Pastorale. Der Komponist verlebte viele Sommer in den Hauergemeinden am Wienerwald.

Abb. 84, Döbling mit Stiegenanlage über den Krottenbach.
Wo im Bild links der Holzzaun ersichtlich ist,
wurde 1882 das Rudolfinerhaus gegründet

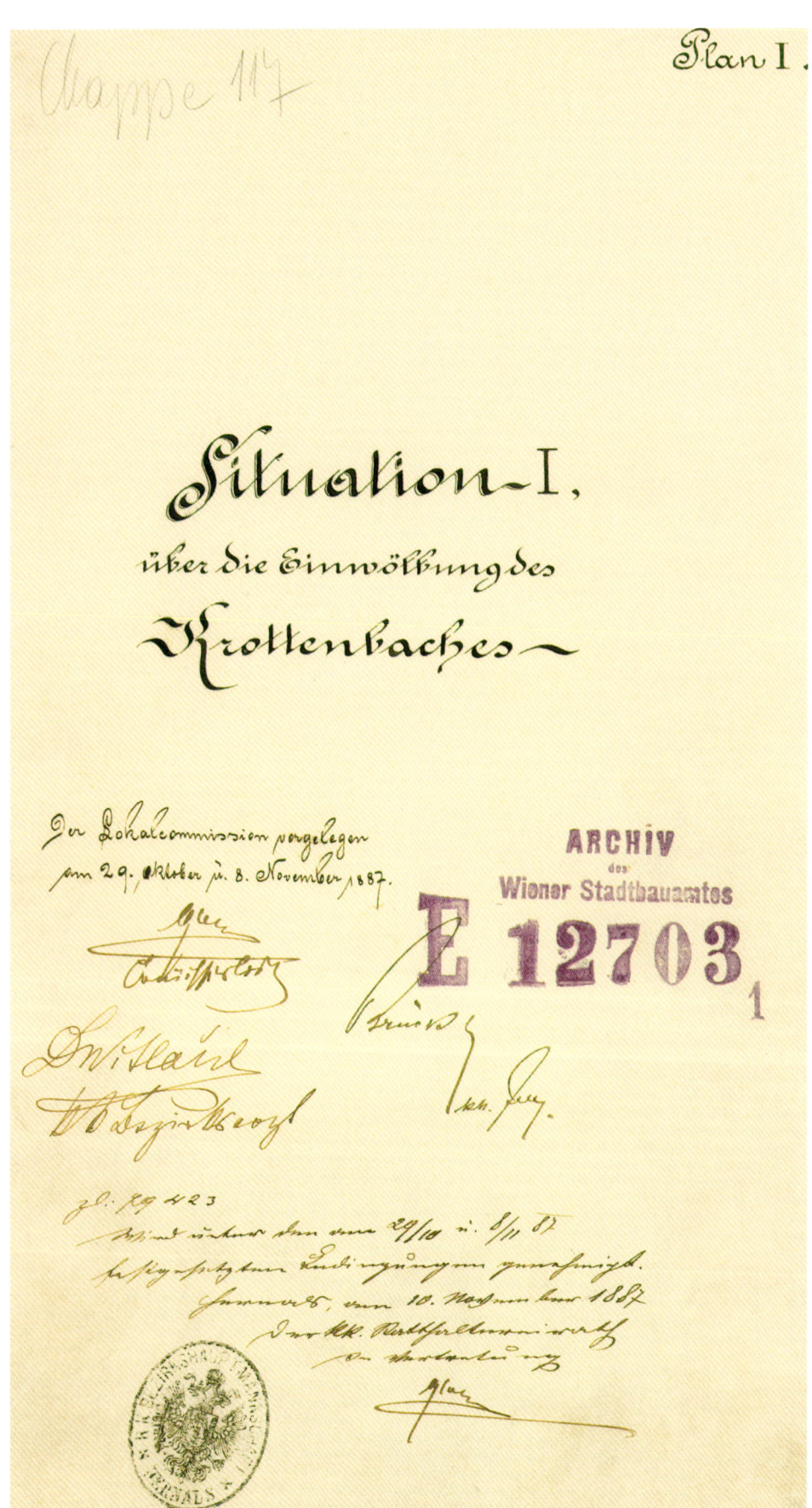

Abb. 85
Das Einwölbungs-
projekt in
der Fassung
von 1887

In einem alten Hauerhaus, nicht weit vom Tal des Krottenbachs entfernt, arbeitete Beethoven im Sommer 1803 an der Es-Dur-Symphonie, welche später den Beinamen Eroica erhalten sollte. Vermutlich wohnte er auch 1804 hier und schuf mit der Appassionata eine seiner eindrucksvollsten Klaviersonaten. Dazu wird folgende für Beethoven typische Begebenheit von seinem Schüler Ries berichtet: *„Bei einem Spaziergange, auf dem wir uns so verirrten, dass wir erst um acht Uhr nach Döbling, wo Beethoven wohnte, zurückkamen, hatte er den ganzen Weg über für sich gebrummt oder theilweise geheult, immer herauf und herunter, ohne bestimmte Noten zu singen. Auf meine Frage, was es sei, sagte er ,– da ist mir ein Thema zum letzten Allegro der Sonate eingefallen –' Als wir ins Zimmer traten, lief er, ohne den Hut abzunehmen, ans Clavier. Ich setzte mich in eine Ecke und er hatte mich bald vergessen. Nun tobte er wenigstens eine Stunde lang über das neue, so schön dastehende Finale in dieser Sonate.*

Endlich stand er auf, war erstaunt mich noch zu sehen, und sagte: ,Heute kann ich Ihnen keine Stunde mehr geben, ich muss noch arbeiten.'"

Das Gebäude an der Döblinger Hauptstraße ONr. 92 hat sich wie seine Umgebung auch seit damals stark verändert. Ursprünglich war das Anwesen ebenerdig. Es bestand aus zwei Baulichkeiten, welche durch einen bis zur Nussdorfer Straße reichenden Grünstreifen getrennt waren. Um 1840 wurde dann der Gassentrakt aufgestockt. Nach einem späteren Besitzer erhielt das Haus den Beinamen Biederhof.

Im Sommer 1816 notierte Franz Schubert in sein Tagebuch: *„Nach einigen Monaten machte ich wieder einmahl einen Abendspaziergang. Etwas Angenehmeres wird es wohl schwerlich geben, als sich nach einem heißen Sommertage Abends im Grünen zu ergehen, wozu die Felder zwischen Währing und Döbling eigens geschaffen erscheinen …"* – Und Schubert wusste, wovon er sprach, wuchs er doch unweit der Linien am Himmelpfortgrund und im Liechtental auf.

Zum Unterschied von Oberdöbling, welches schöner lag und verkehrsmäßig besser erreichbar war, stand die Nachbargemeinde weniger in der Gunst der Wiener Bürger. Die unterschiedliche Entwicklung der beiden Nachbargemeinden wird auch in der Statistik zum Ausdruck gebracht. Zum Zeitpunkt der Eingemeindung hatte Oberdöbling 14.460, die Nachbargemeinde Unterdöbling lediglich 2.074 Einwohner.

Der Krottenbach teilte nicht nur die Landschaft, er trennte auch den Einfluss der Gerichte. Während Oberdöbling in die Zuständigkeit Wiens fiel, lag Unterdöbling im Gerichtsbezirk Klosterneuburg.

Wie auf alten Ansichten gut ersichtlich, verlief die Billrothstraße seinerzeit als eine Art Hochstraße entlang des steilen Abfalls zum Tal des Krottenbachs, welcher Oberdöbling von seinem Nachbarort trennte. Eine direkte Straßenverbindung zur Silbergasse war daher nicht gegeben.

Wie aber konnten Fuhrwerke, welche durch die seinerzeitige Hirschengasse, wie dieser Abschnitt der Billrothstraße vom heutigen Gürtel bis zur Hofzeile früher hieß, bergauf fahren, nach Unterdöbling?

Die von Robert Messner 1967 bearbeitete, durch den k. u. k. Kataster durchgeführte geodätische Aufnahme aus dem Jahre 1819 gibt darüber Auskunft. Klar ist der Gefällsbruch entlang der Straßenlinie Hofzeile – Billrothstraße erkennbar, an dessen Fuß der Krottenbach zu Tal floss. Der Wasserlauf bildete im Bereich der Silbergasse die natürliche Grenze der Parkanlage des Landhauses Pasqualati in der Hofzeile 3, welche auch die Fläche der heutigen Silbergasse einnahm. Um dieses Areal zu umfahren, mussten die Wägen die Grinzinger Straße aufwärts bis zur heutigen Rudolfinergasse ausweichen, welche bis heute unterhalb der gegenüberliegenden Nusswaldgasse in den Straßenzug der Silbergasse einmündet. Die Fläche der heutigen Silbergasse bis zum Promenadenweg teilte sich der Wasserlauf mit einem schmalen Begleitweg sowie jenem Gartenareal auf, welches eben eine direkte Verbindung nicht möglich machte.

Bedingt durch den großen Höhenunterschied konnte man nur mittels einer Stiegenanlage über den Bach von der heutigen Billrothstraße zum Begleitweg des Bachs in die Silbergasse nach Unterdöbling gelangen. Die Stiege in die Nachbargemeinde befand sich in Höhe des vorerwähnten Einlaufprofils.

Abb. 86
Der abfallende
Steilhang
zur „tiefen
Furche"
zwischen
Hofzeile und
Nusswaldgasse

Auf dem von der Lokalkommission vom 29. Oktober und 8. November 1887 genehmigten Situationsplan XIII über die Einwölbung des Krottenbachs ist jene Situation noch dargestellt. Wahrscheinlich diente diesem Plan eine bereits ältere Karte als Grundlage, denn er wurde um einige Baulichkeiten nachträglich aktualisiert.

Betrachtet man alte Querprofile, ist der gewaltige Höhenunterschied zwischen Billrothstraße und dem Bachbett in der Silbergasse klar erkennbar, welcher gemäß einer Höhenaufnahme von 1887 zwischen Bachsohle und neu angeschütteter Terrainoberkante ca. elf Meter betrug. Noch bachaufwärts, im Bereich der Querung des Gerinnes mit der ehemaligen Grinzinger Straße, welche erst ab 1894 zur Billroth-straße wurde, ist ein Höhenunterschied von Bachsohle zu Brücken-oberkante von 6,50 Meter nachweisbar. Auch nach fertiggestellter Überschüttung des neuen Bachkanals blieb noch eine Differenz von

Abb. 87

Ein künstlicher Teich erinnert an den alten Krottenbachweiher

knapp drei Meter zwischen dem Straßenzug und dem anstehenden Gelände. Von dieser Brücke führte ein eigener tiefer liegender Begleitweg entlang des Irrenhausgartens auf das Niveau der heutigen Billrothstraße hinauf, welches erst 40 Meter vor der Kreuzung mit der heutigen Krottenbachstraße erreicht wurde. Die Stützmauern beidseits der Billrothstraße zwischen Krottenbachstraße und Hofzeile sowie die heute noch hoch über der Straße erhalten gebliebene Häuserzeile gegenüber des Parks lassen die ehemalige Nivellete und die weit reichenden Umgestaltungen im Laufe der Jahre in diesem Bereich erahnen. Wann die Bachstrecke in der Silbergasse eingewölbt wurde, lässt sich nicht mit Bestimmtheit sagen. Anton Ziegler stellt in seiner kolorierten Lithographie aus dem Jahr 1858 das Gerinne zwar nicht lagerichtig, jedoch eindeutig noch offen dar. Es ist daher anzunehmen, dass der Bach in den darauf folgenden Jahrzehnten, möglicherweise in den 70er oder frühen 80er Jahren des 19. Jahrhunderts, kanalisiert wurde.

Obwohl kein Querschnitt in diesem Bereich existiert, welcher auf Grund seiner geometrischen Form einen Hinweis auf das Einwölbungsjahr hätte geben können, darf angenommen werden, dass gleich den anderen schon bestehenden notdürftigen Einwölbungen lediglich ein Profil mit unzureichender Sohle zur Ausführung gelangte. Diese Maßnahmen sind wahrscheinlich von der Gemeinde Oberdöbling in Hinblick auf eine notwendige Geländeregulierung durchgeführt worden. Jedenfalls war die Einwölbung eine grundlegende Voraussetzung zu einer durchgehenden Verkehrsverbindung.

Auf dem schon erwähnten Situationsplan XIII aus dem Jahr 1887 wurde wie erwähnt der Bereich zwischen Gefällebruch und Bach, obwohl bereits überschüttet, noch als eine Privatfläche dargestellt. Jenes Grundstück ist 1889, mit eigener Grundstücksnummer versehen, schon als Teil des öffentlichen Guts ausgewiesen. Demnach war 1889 eine straßenmäßige Anbindung der Silbergasse mit der viel höheren Billrothstraße jedenfalls bereits gegeben. Ebenso ist die bedeutungslos gewordene Stiegenanlage nicht mehr zu finden. Das Gerinne querte den Straßenzug der Silbergasse also bereits unterirdisch, bog nach links, verlief ca. 55 Meter diagonal nach links unter dem Niveau der

Silbergasse und schwenkte mit einem Rechtsbogen entlang des Böschungsfußes jenes Steilabfalls in die rückseitigen Gartenanlagen der Häuser Hofzeile und Nusswaldgasse ein. Diese Gassen hießen früher Oberdöblinger und Unterdöblinger Herrengasse.

Obwohl der Krottenbach auch in diesem Bereich auf eine Länge von ca. 140 Meter in einer alten Einwölbung verlief, war das Profil die ersten 90 Meter nicht überschüttet. Über die Konstruktion und Ausgestaltung dieses Bauwerks existieren keine näheren Angaben mehr, es darf jedoch angenommen werden, dass es sich auch hier lediglich um Überwölbungen ohne eingebaute Sohle gehandelt haben dürfte. Höchstwahrscheinlich mündeten die Fäkalien nahezu aller Baulichkeiten zwischen Silbergasse und Döblinger Hauptstraße in das der Tiefenlinie entlang fließende Gerinne ein. Um mit zunehmender Verbauung die ärgste Geruchsbelästigung zu unterbinden, wurde der Wasserlauf streckenweise eingehaust.

Da die Bachsohle jedoch von den Maßnahmen zumeist unberücksichtigt blieb, war vor allem in der wärmeren Jahreszeit zwar den Anrainern, nicht jedoch dem Grundwasser geholfen. Auf eine Strecke von 90 Metern trat der Bach ohne erkennbare Verbauung wieder ans Tageslicht, um anschließend erneut 50 Meter Einwölbung zu durchfließen. Kurz vor Eintritt in dieselbe hatte das Bett des Krottenbachs eine Tiefe von knapp 3,50 Meter bei einer Breite von vier Meter. Ob das die tiefe Furche war, welcher Döbling den Namen verdankte?

Auch die anschließende Einwölbungsstrecke wurde nicht überschüttet, verschwand doch das Profil mit einer Höhe von 3,70 Meter nahezu vollständig im Bachbett. Danach mäandrierte das Gerinne mit teilweise befestigten Ufern in einem über 200 Meter langen Bereich bis zu acht Meter breit der Brücke an der Döblinger Hauptstraße zu. Zumeist bildete der Bach hier die Grenze der Parzellen. Zwei kleine hölzerne Fußwegübergänge, welche sich etwa an den Drittelpunkten der Strecke befanden, erleichterten die Querung des Krottenbachs für die Bewohner jener beiden Grundstücke, die bis zur anderen Straßenseite durchgingen und die der Wasserlauf durchtrennte.

Abb. 88, 89, 90, 91 (Seite 159 bis 162), Reste alter Quellgebiete
im Wertheimsteinpark haben sich bis in unsere Tage erhalten

Der untere, der Hauptstraße näher gelegene Übergang führte direkt zu einem Teich, dessen geometrische Form einer Ellipse auf eine künstliche Anlage hinwies. Gemäß Grundablöseverzeichnis gehörte das Anwesen 1893 einer gewissen Johanna Mittag von Lenkheim.

Die Teichanlage war als der so genannte Krottenbachteich bekannt. Dieser hatte einen Längsdurchmesser von ca. 30 Meter, seine Breite betrug über 17 Meter.

Nachzutragen wäre noch, dass keine der erwähnten schon existenten Einwölbungen, wie im ursprünglichen Projekt vorgesehen, für die Kanalisierung des Bachs verwendet wurden, sondern im Zuge der Arbeiten 1893 das Ziegelprofil in neuer Trassenlage zur Errichtung gelangte. Wer heute von der verkehrsreichen Silbergasse in das stille Tal des Krottenbachs, zwischen Nusswaldgasse und Hofzeile gelegen, einbiegt und den Promenadenweg zur Döblinger Hauptstraße hinab schreitet, kann die noch erhaltenen Reste dieses Einschnitts sehen und sich die tiefe Furche der alten Bachtrasse in der Tiefenlinie gut vorstellen. Plötzlich befindet man sich in einer anderen Welt, weit weg vom Getriebe der Großstadt. Hier spürt man noch die Anmut des Wienerwaldes und ist fasziniert vom Reiz, welchen diese Landschaft in vergangenen Tagen ausgeübt haben muss.

Kurz vor der Döblinger Hauptstraße, da, wo heute Gemeindebauten das Tal begrenzen, steht man mit einem Male vor den stillen Zeugen der Vergangenheit. Uralte Baumriesen wie Schwarzpappeln, Bergahorne, Esche und Linde sowie eine mächtige, besonders eindrucksvolle Platane, welche einst die Ufer des Krottenbachteichs umsäumten, haben sich bis in unsere Tage erhalten. Sie tragen die roten Plaketten, welche sie als Naturdenkmäler des 19. Bezirks ausweisen. Ein künstlicher, kleiner Teich, wohl in Zusammenhang mit dem Park der Anlage errichtet, bildet eine Reminiszenz an die Vergangenheit.

Wo die Döblinger Hauptstraße den ehemaligen Wasserlauf quert, befand sich früher eine zweigeteilte, mit Holzbohlen belegte, steinerne Brücke, welche über den sieben Meter tiefen Einschnitt des Krottenbachs rührte.

Wer zu den tiefer gelegenen Eingängen jener Häuser wollte, welche sich auf der Seite des Parks befanden, musste eine eigene bis zu zwei Meter tiefere Fahrbahn wählen, welche auf Seiten des Wertheimsteinparks verlief und die niveaumäßige Anpassung herstellte. Die Brücke hatte einen Durchlass von ca. 6,7 Meter Breite und ca. 3,7 Meter Höhe, aus dem der Bach dem Areal der Familie Wertheimstein zufloss. Von seiner Querung mit der ehemaligen Grinzinger Straße beim Rudolfinerhaus bis zur gedachten Verlängerung der heutigen Böhmmühlgasse in Richtung Wertheimsteinpark bildete das Gerinne die Grenze von Ober- und Unterdöbling.

Rudolf von Arthaber, bekannter Industrieller und Kunstmäzen, wurde 1795 in Oberdöbling geboren. Er war Zeit seines Lebens sehr um die

Abb. 92
Von der MA 45 renaturierter Abfluss des Weihers
im Wertheimsteinpark

österreichische Textilindustrie bemüht. 1819 übernahm er die Kurrent-
warenhandlung seines Vaters und errichtete bald darauf Zweignieder-
lassungen in Pest und in der Lombardei. 1826 richtete er ein Kommis-
sionshaus für österreichische Manufakturen in Leipzig ein. Arthaber war
bekannter Schalfabrikant und exportierte sogar nach Übersee. Nach
einem Schlaganfall kaufte er in seinem Heimatort 1833 den alten
Tullner Hof, dies war der ehemalige Wirtschaftshof der Oberdöblinger
Grundherrschaft, der Dominikaner von Tulln, und ließ an dessen Stelle
1834/35 ein prächtiges Landhaus mit Park errichten.

Seine wertvolle Gemäldesammlung machte er 1836 öffentlich zugänglich. Das Ehrenmitglied der Wiener Akademie war auch Mitbegründer
des österreichischen Kunstvereins sowie der Gartenbaugesellschaft.
Gemeinderat Arthaber starb 1867 in Oberdöbling und wurde am
Matzleinsdorfer evangelischen Friedhof beigesetzt.

Nach dessen Tod kaufte der Bankier Leopold von Wertheimstein das
Anwesen an der heutigen Döblinger Hauptstraße 96. Unter ihm wurde
der Besitz zu einem geistigen und kulturellen Zentrum von Wien. Seine
Tochter, Franziska von Wertheimstein, zählte zu den angesehensten
Damen der Wiener Gesellschaft und pflegte das Erbe ihres Vaters bis
zu ihrem Tod 1907.

In einem heute nicht mehr erhaltenen Nebengebäude der Villa starb
1890 Eduard von Bauernfeld. Eine Gedenktafel erinnert an den
berühmten Lustspieldichter des Biedermeiers.

Das Anwesen der Wertheimsteins wurde von der letzten Besitzerin, mit
der Auflage, ein Museum zu errichten, der Stadt Wien vermacht.
Gemäß ihrem Wunsch wurde der Park 1908 öffentlich zugänglich
gemacht.

In der ehemaligen Villa der Wertheimsteins befindet sich nun das
Bezirksmuseum Döbling sowie das Weinbaumuseum.

Durch diesen Park floss das Gerinne, nachdem es die Brücke über die
Döblinger Hauptstraße gequert hatte, nun der ehemaligen Nussdorfer
Landesstraße, der heutigen Heiligenstädter Straße, zu. Bereits kurz
nach dem Durchlass verengte sich der Querschnitt drastisch für die

nächsten 80 Meter in eine Art Rinne. Die geringste Dimension hatte eine Breite von 1,60 Meter bei einer Tiefe von 0,50 Meter. Hier floss der Wasserlauf jedoch nur in Trockenwetterzeiten. Die topographischen Verhältnisse des ehemals anstehenden Geländes ließen relativ breiten Raum zur Ableitung von Niederschlagswassern nach Starkregenereignissen zu. Auch dürfte dem Kessel vor der Brücke, in deren Mitte sich der Krottenbachteich befand, wohl eine gewisse Aufgabe als Retentionsbereich zugekommen sein. Im Bereich der heutigen Parkanlage sind ebenso zwei Übergange nachweisbar, wovon der obere den eher schmalen Querschnitt überbrückte.

Steht man an der Döblinger Hauptstraße, so ist auch heute noch der tiefe Einschnitt des Krottenbachs im Park nicht zu übersehen, obgleich die Trasse der Vorortelinie das Gelände durchschneidet und so das Erscheinungsbild nachhaltig verändert hat. In leichten Mäandern floss der Wasserlauf durch die Parkanlage nun der heutigen Heiligenstädter Straße zu. Ab Höhe der ehemaligen Döblinger Gasse, der heutigen Elmargasse, schwenkte der Wasserlauf nach links und verlief von da an linkerhand der geplanten Vorortetrasse bis zum Knick der Böhmmühlgasse, wo das alte Gerinne etwas rechts der heutigen Gasse zu suchen ist. Danach durchfloss der Bach diagonal die unteren Realitäten und traf in Höhe der heutigen Heiligenstädter Straße ONr. 77 auf die seinerzeitige Nussdorfer Landstraße. Heute befindet sich hier eine Tankstelle.

In diesem Abschnitt existierten fünf Übergänge, wovon der zweite von oben eine breitere Verbindung einer ehemaligen Mühle zur heutigen Böhmmühlgasse herstellte, welche früher deshalb auch Mühlgasse genannt wurde. Diese Mühle befand sich ungefähr in Höhe des heute bestehenden Durchlasses der Vorortelinie. Hatte das 1887 noch aktuelle Projekt der Vorortelinie auf das Anwesen Rücksicht genommen, so wurde das Bauwerk in der realisierten Variante von der Eisenbahntrasse durchschnitten.

Bei Recherchen zu dieser Arbeit fiel dem Verfasser ein unter Strauchwerk verwachsenes, schmales Gerinne auf, welches aus einem Auslassbauwerk am Fuß des Dammes der Döblinger Hauptstraße kommend einen kleinen Weiher durchfließt und danach entlang des Fußweges, welcher auf der bestehenden Einwölbung errichtet wurde, abgeleitet wird. Nach Planvergleichen musste die Quellfassung sich in Höhe der alten Brücke befunden haben. Besonders erfreulich war eben die Tatsache, dass das Gerinne heute noch Wasser führend ist. Dort, wo der Bach die Kanaltrasse schneidet, ca. bei Kilometer 8,6 der Vorortelinie, mündet dieser kleine Wasserlauf in den Krottenbachkanal ein.

Nach Rücksprache mit der für die Erhaltung des Parks zuständigen Magistratsabteilung 42 wurde als Begründung die Existenz noch aktiver arthesischer Quellen angegeben. Der Auslass befindet sich genaueren Recherchen zufolge in Fließrichtung rechts der alten Brückenquerung. Steht man über dem Bauwerk, kann man selbst an frostigen Wintertagen das Plätschern des Wassers von der Quelle her vernehmen. Ist dieses in der Tiefenlinie des Einschnitts abfließende Gerinne ein noch erhalten gebliebener Rest des alten Krottenbachs? Wenn ja, wie konnte es die Einwölbungsarbeiten und die darauf folgenden Bauarbeiten an der Vorortelinie unbeschadet überstehen?

Diese und andere Fragen waren es wert, sich intensiver mit diesem Bereich des alten Bachbettes auseinanderzusetzen.

Auf Grund der Tatsache, dass man die Einwölbung geradlinig errichtet hat, wurde während der Bauarbeiten der Wasserlauf mehrmals durchschnitten. Der alte Durchlass bildete jedoch mit seiner rechten Auslaufkante einen spitzen Winkel zur neuen Kanaltrasse, welcher sich gegen die Fließrichtung hin öffnete.

Da der ehemalige Wasserlauf die ersten 50 Meter nach der Querung die Richtung beibehielt, um erst dann mit einem leichten Linksbogen den Verlauf zu ändern, blieb die oberste Bachschlinge bis auf den unmittelbaren Brückenbereich auf eine Länge von ca. 120 Meter von den eigentlichen Bauarbeiten unberührt. Die Reste dieser Teilstrecke könnten sich demnach also erhalten haben.

Das heute bestehende Bachbett liegt jedoch augenscheinlich eine Spur weiter links der alten Bachstrecke. Nimmt man an, dass die Quelle, was sehr wahrscheinlich ist, zur damaligen Zeit bereits existiert hat, kann sich ihr Ursprung sicher nicht im Durchlass, jedoch aber unmittelbar rechts neben der Bachtrasse befunden haben. Dies wäre mit dem heutigen Auslass ident. Das bedeutet aber, dass knapp neben dem historischen Gerinne in dessen unmittelbarem Abflussbereich noch ein zweiter Wasserlauf existiert haben musste.

Erhaltene Querprofile aus dem Jahre 1887 zeigen im gegenständlichen Bereich lediglich ein Gerinne, obwohl auch das unmittelbar anstehende Gelände dargestellt ist. Ein vom behördlich autorisierten Oberdöblinger Zivilgeometer Emanuel Vohanka im Juli 1889 erstellter exakter Vermessungsplan im Maßstab 1:720 gibt interessanterweise ebenfalls keinerlei Aufschlüsse über die Existenz eines zweiten Wasserlaufs im gegenständlichen Bereich.

Erst im Lageplan des Urprojekts zur Krottenbacheinwölbung wird auf diesen Umstand eingegangen.

Bei näherer Betrachtung war auffallend, dass die vorher erwähnte Mühle nicht direkt am alten Wasserlauf, sondern etwas abseits und wahrscheinlich auch etwas höher und somit nicht unmittelbar im Hochwasserabflussbereich desselben, errichtet wurde. Auch eine Überprüfung der Querprofile ergab keine Anzeichen einer Baulichkeit am Ufer des Bachs, welcher in diesem Abschnitt einen Querschnitt von ca. 3,50 Meter/1,50 Meter aufwies. Bedenkt man die Tatsache, dass der Bachkanal in diesem Bereich über 19.000 Liter pro Sekunde während eines Starkregenereignisses abzuführen vermag, eine nur allzu verständliche Tatsache.

Gleichzeitig zeigt der Plan einen schmalen, nur als hauchdünne Linie dargestellten stark mäandrierenden Wasserlauf, welcher gleich dem heutigen Bestand unmittelbar nach dem ehemaligen Durchlass vom Hauptgerinne abwich und nur wenige Meter rechts des Bachs den Park durchfloss. Kurz oberhalb des Gebäudes zweigte von diesem ein Bächlein direkt zur Mühle ab, während das andere Gerinne, einen kleinen Weiher speisend, noch oberhalb des Bauwerks in die Vorflut einmündete.

Ein Teil des Nebengerinnes des Krottenbachs könnte also ehemals als Mühlbach gedient haben, wobei es entweder kurz nach dem Durchlass eine Möglichkeit zu zusätzlichen Dotation vom Hauptgerinne her gegeben haben muss, oder, was durchaus realistisch erscheint, das

168

Abb. 93, Der Weiher im Wertheimsteinpark

Quellgebiet in früheren Zeiten eben ergiebiger war. Die Bauarbeiten am Krottenbach waren sicher nicht ohne negativen Einfluss auf das Quellgebiet. Die heutige Wasserführung jedenfalls könnte freilich kein Mühlrad mehr betreiben. Vielleicht holte man von der Quelle einst auch das Trinkwasser?

Ob als Nutzwasser im Haus oder zum Antrieb der Mühlräder, eines ist jedoch klar, da das Gerinne mehrheitlich im erweiterten Abflussbereich des Krottenbachs lag, war sicher auch eine Abschwellmöglichkeit bei Regenereignissen notwendig und wohl auch vorhanden. Neben der erwähnten Dotationsmöglichkeit war dazu sicherlich eine passende Stelle auch die Abzweigung vor dem Mühlenbauwerk. Unklar jedoch bleibt, warum diese Situation in der erwähnten sehr genauen Geometeraufnahme des Emanuel Vohanka von 1889 unberücksichtigt blieb.

Bedenkt man die weiter oben geäußerte Vermutung, dass die Vermessung, welche dem Lageplan des Urprojekts zugrunde liegt, mit ziemlicher Sicherheit bereits älter war, als die darauf konzipierte Urplanung zur Krottenbacheinwölbung, könnte sich die Situation im Juli 1889 bereits anders dargestellt haben. Vielleicht war im Zuge erster Grundstücksankäufe für die Vorortelinie das Bauwerk schon abgelöst und nicht mehr als Mühle in Betrieb. Auffallend ist in diesem Zusammenhang auch, dass jene Stelle, an der auf der älteren Darstellung noch zwei Mühlräder ersichtlich waren, 1889 als eingehaust dargestellt wurde. Vieles spricht dafür, dass der kleine Wasserlauf zu dieser Zeit bereits im Hauptgerinne abgeleitet wurde. Auch der Weiher oberhalb des Bauwerks war verschwunden.

Gemäß dem Einlösungsverzeichnis des Krottenbachkanals 1893 gehörte das Anwesen mit der Grundbucheinlage 189 jedenfalls noch zum Besitz der Franziska Edle von Wertheimstein, besagter Tochter des Bankiers, wird aber von der im Plan bereits dargestellten Vorortetrasse schon durchschnitten. Die Aufnahme von Vohanka zeigt auch mehrere Bauten am unteren Ende des Wertheimsteinparks bei der Heiligenstädter Straße, welche wahrscheinlich zu der Mühle gehört haben dürften.

Die meisten dieser Baulichkeiten wurden im Zuge der Arbeiten an der Vorortelinie abgebrochen und sind im Kollaudierungsplan vom 14. Mai 1895 nicht mehr enthalten. Sowohl der Kanal als auch der Eisenbahnbau hatten dieses Gebiet ja nachhaltig und entscheidend verändert. Um so größer war die Überraschung, auf diesem Plan jenen kleinen Wasserlauf wieder zu entdecken, welcher in seinem zitierten Bachbett vom Durchlass der Brücke Döblinger Hauptstraße kommend nunmehr bei Kilometer 1,2 der Bacheinwölbungsetappe von der Krottenbachstraße bis zur Heiligenstädter Straße in die Vorflut eingeleitet wurde. Offenbar hatte man das Vorhandensein eines Restes jenes aktiven Quellgebiets nach Einwölbung des Krottenbachs als gartenarchitektonische Bereicherung empfunden und einen Teil des Gerinnes wieder zum Leben erweckt.

Auf Anregung des Verfassers fand ein Lokalaugenschein gemeinsam mit der für Gewässerbau zuständigen Magistratsabteilung 45 und der verwaltenden Dienststelle MA 42 statt, wo die Sachlage nochmals erörtert wurde. Gemeinsames Ziel war es, diesen noch intakten Wasserlauf zu renaturieren. Unter Federführung der MA 45 wurde mit einer Wiener Schulklasse im praxisnahen Unterricht wesentlich zur Ausgestaltung dieses letzten Reliktes eines längst vergessenen Teils von Döbling beigetragen. Zudem wurden wie vereinbart an den Eingängen des Parks Hinweistafeln montiert, welche die Bevölkerung über die ehemalige Trasse des Krottenbachs informieren.

Der Autor dankt auf diesem Weg allen beteiligten Personen für ihre Kooperationsbereitschaft.

Der anschließende unterste Teil des Krottenbachwasserlaufs stellte ein eindeutig reguliertes Gerinne dar. Nach der Querung mit der ehemaligen Nussdorfer Landesstraße, welche unter einer über fünf Meter breiten Brücke erfolgte, floss der Bach nun geradlinig dem Durchlass unter der Franz-Josefs-Bahn zu. Dieser war zweigeteilt, und wies einen eigenen 3,70 Meter breiten Bereich für Fuhrwerke und Fußgänger auf. Die Wegunterführung diente als Verbindung zwischen der Landesstraße und dem Donaukanal. Die Unterführung der Franz-Josefs-Bahn befand sich einst an jener Stelle, wo später die höhere Trasse der alten Stadtbahn die Gleise der Eisenbahn querte.

Gegenwärtig ist das Gelände zwischen der Heiligenstädter Straße und dem Gleiskörper als Betriebsbaugebiet genutzt und nicht mehr öffentlich zugänglich. Vom Steg Rampengasse, welcher die Verlängerung des Döblinger Stegs bildet und heute über das Bahngelände führt, ist der ehemalige Mündungsbereich gut sichtbar.

Auf dem Plandokument 5686 des Flächenwidmungs- und Bebauungsplans für Wien ist der Bereich der Einwölbung als Einbautentrasse ausgewiesen. Die Höhenaufnahmen aus dem Archiv der MA 30 – Wien Kanal weisen hier das Niveau der Sohle des Bachbettes zum Zeitpunkt der Einwölbung um bis zu 0,50 Meter höher als das anstehende Gelände aus, welches beidseits der Trasse gemäß dem Oberdöblinger Geometerplan betrieblich genutzt war. Ebenso ist auch die Nutzung von Flächen als Eisteiche nachweisbar. Der Vermessung zufolge dürfte zuerst ein bis zu 14 Meter breiter und knapp zwei Meter hoher Damm geschüttet worden sein, durch welchen das Bett des Krottenbachs anschließend durchgeleitet wurde.

Diese Maßnahme hängt mit der bereits erwähnten Verlängerung des Mündungsbereichs nach dem Versanden des Nussdorfer oder Salzgriesarmes zusammen. Im Anschluss querte der Krottenbach einen 4 Meter breiten und 3 Meter hohen Durchlass unter dem schmalen Donaukanalbegleitweg, aus dem sich später die Heiligenstädter Lände entwickelte, und mündete in den Donaukanal ein. Für geraume Zeit tat er dies wie erwähnt nur wenige Meter unterhalb des Nesselbacheinlaufs.

DER BACHKANAL

„Mit dem Erkenntnisse der k. u. k. Bezirkshauptmannschaft Tulln vom 21. April 1893 Z. 8664 und Z. 10326 wurde der Gemeinde Wien der wasserrechtliche Konsens zur Einwölbung des Krottenbachs vom Oberdöblinger Nothspital bis zum Irrenhausgarten in der Neustiftgasse (Anm. heutige Krottenbachstraße) und mit Z. 25846 vom 18. Dezember 1893 jener für die Einweihung vom Irrenhausgarten bis zur Nussdorfer Straße (Anm. heutige Heiligenstädter Straße) ertheilt. Mit dem Erlasse der k. u. k. niederösterreichischen Stadthalterei vom 8. März 1894 Z. 13833 erhielt die Kommission für Wasserrechtsanlagen in Wien die wasserrechtliche Bewilligung, den Krottenbach zwischen der Nussdorfer Straße und dem Donaukanal einzuweihen und hat diese Theilstrecke nach Herstellung des rechten Hauptsammelkanals als Nothauslass des Letzteren zu dienen. Die Einwölbung des Krottenbachs ist

Abb. 94, Der alte und der neue Kreuzungsbereich
der heutigen Krottenbachstraße mit der Cottagegasse

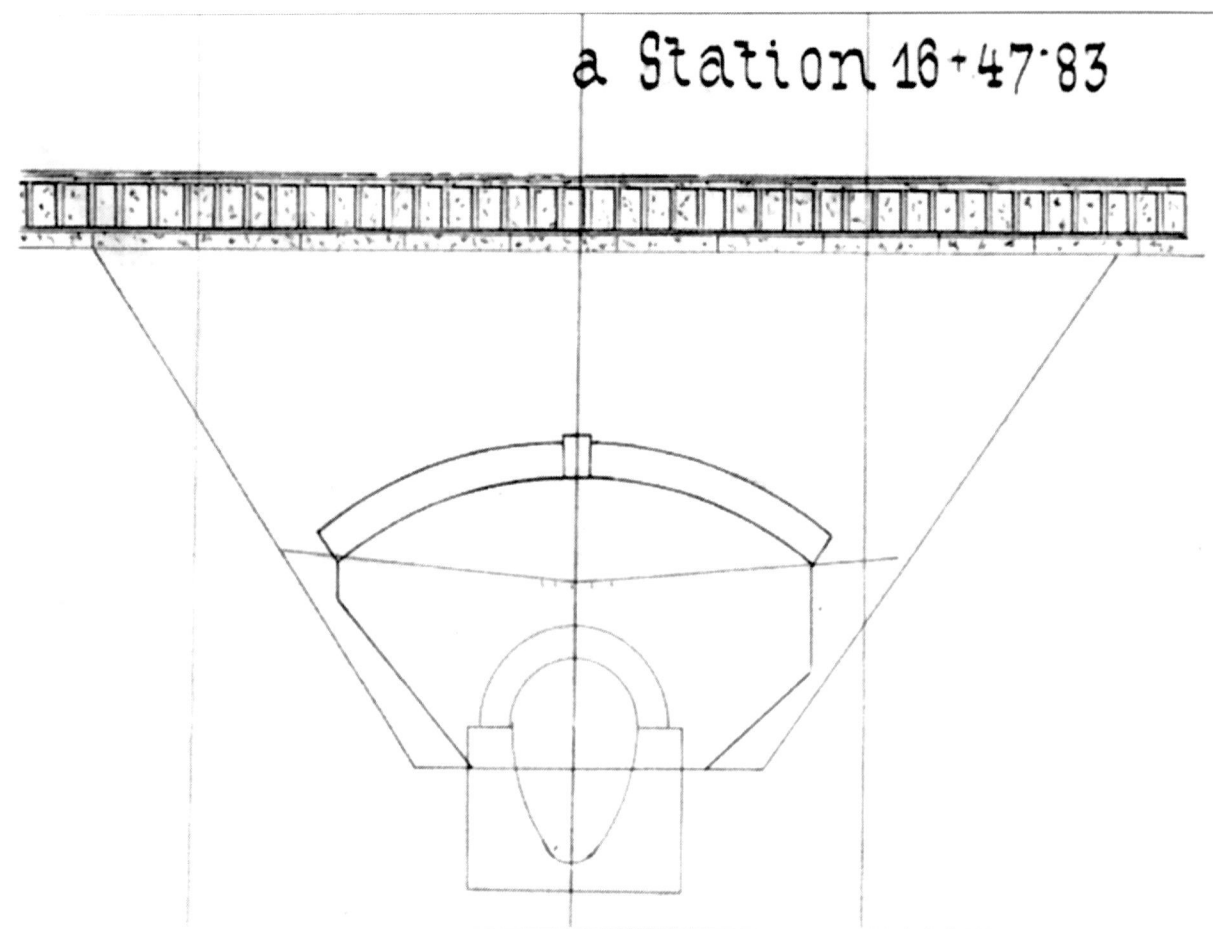

Abb. 95, Die Brückenkonstruktion an der Döblinger Hauptstraße. In einem tiefen
Einschnitt floss der Krottenbach dem späteren Wertheimsteinpark zu

*in den genannten Theilstrecken nunmehr vollendet und fließen die
Schmutzwässer und Fäkalien des angeschlossenen Gebiets bereits in
demselben ab."*

Mit wenigen punktuellen Ausnahmen verlief der Wasserlauf, wie schon
erwähnt, von seinem Quellgebiet bis zu seiner Einmündung in den
Donaukanal bis 1893 ober Tag. Jene schon zur Zeit der Eingemeindung
bestandenen Einwölbungen beschränkten sich auf Straßenkreuzungen
oder Überbauungen und sollen, soweit bekannt, im Weiteren auch
genannt werden.

Um den gestiegenen Anforderungen der Entsorgung gerecht zu
werden, wurden besonders in den Jahren seit dem Zweite Weltkrieg
immer wieder Abschnitte umgebaut, adaptiert oder erneuert. Diese

174

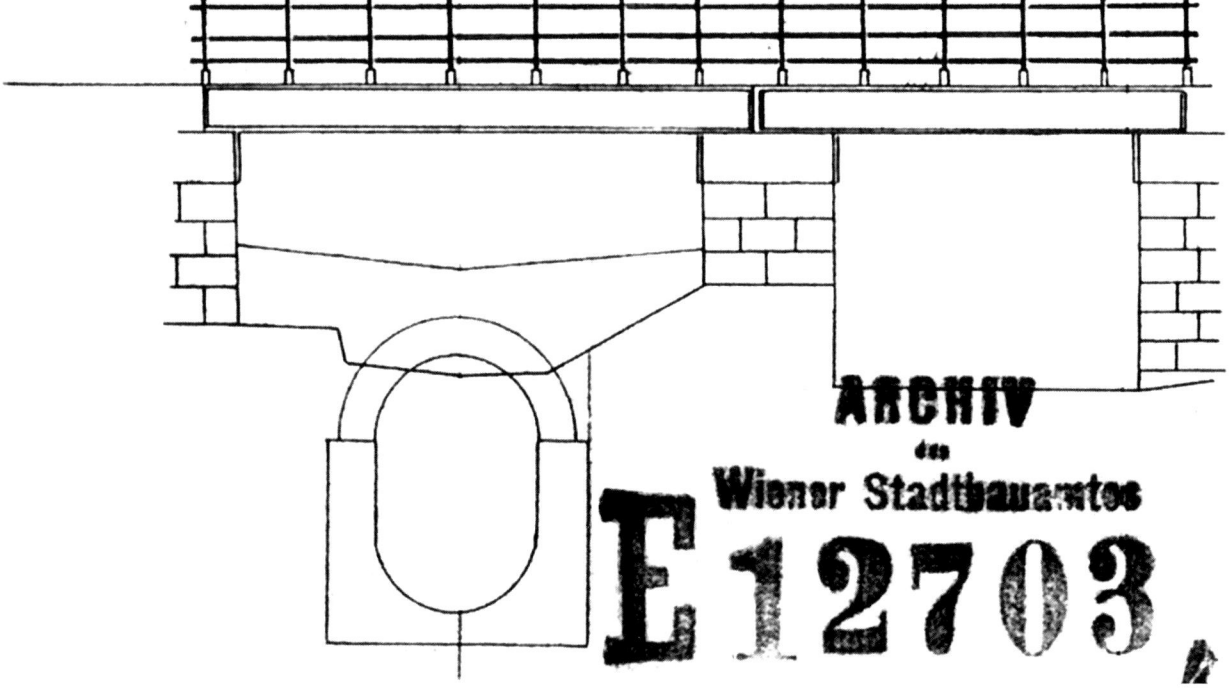

Abb. 96, Der Durchlass und die Bachunterführung des Krottenbachs
unter der Franz-Josefs-Bahn

Maßnahmen wurden nur insofern, als sie zum besseren Verständnis der Gesamtfunktion des Bachkanals beitragen, in die Beschreibung mit aufgenommen.

Der Beginn der Planungsarbeiten für den Krottenbachkanal lässt sich auf das Jahr 1887 zurückführen, umfangreiche Vermessungen für diesen ersten Bauabschnitt wurden im Juli 1889 fertig gestellt. Folgte der erste Bauabschnitt, nach der Planung aus dem Jahre 1887, noch nahezu vollständig dem ursprünglichen Wasserlauf, so wurde das Ausführungsprojekt 1893 weit gehend begradigt und nach der ehemaligen Irrenanstalt der neuen Flächenwidmung der späteren Krottenbachstraße angepasst. Dieses System wurde sinnvoller Weise auch in den weiteren Bauabschnitten beibehalten.

Abb. 97

Die Bauarbeiten an der Krottenbachstraße

im Bereich des ehemaligen Irrenhausgartens

In den Jahren 1893 bis 1894 wurde der Krottenbach im ersten Bauabschnitt beginnend vom Donaukanal, an bestehenden Eisteichen vorbei, die Heiligenstädter Straße, die ehemalige Nussdorfer Straße
querend, bis nach dem ehemaligen Oberdöblinger Notspital, welches
sich, wie beschrieben, in etwa an der Kreuzung der heutigen Krottenbachstraße mit der Görgengasse befand, auf eine Länge von
2.599 Metern eingewölbt. In seinem Verlauf nimmt der Krottenbachkanal im Zuge von Straßenquerungen zahlreiche Nebensammler, unter
ihnen auch kleinere Bachkanäle sowie die Arbesbacheinwölbung, auf.
Die Einwölbung beginnt mit dem Auslaufbauwerk in den Donaukanal
in Höhe der Heiligenstädter Lände ONr. 27 b, etwas oberhalb der
Wiener Verkehrsbetriebe.

Von diesem Ziegelmaulprofil mit der Dimension 3,2 Meter/2,5 Meter kommend quert der mit Fertigstellung des Rechten Hauptsammelkanals zum Regenauslass umfunktionierte Bachkanal mit acht Promille Gefälle die Gleisanlagen der Franz-Josefs- und der U-Bahn und schließt an den in der Heiligenstädter Straße verlaufenden Sammelkanal an, welchen er bei Starkregenereignissen entlastet.

Diese Regenentlastungen wurden in Zusammenhang mit dem Bau des Rechten Hauptsammelkanals an Einmündungen von Hauptsammelkanälen errichtet und dienen dazu, die gewaltigen Wassermassen, welche vor allem die Wienerwaldbäche auf Grund des nur bedingt wasseraufnahmefähigen Bodens bei Starkregen zu Tal leiten, in den Donaukanal abzuführen.

Regenentlastungen wurden im Wiener Kanalnetz bei allen Bachkanaleinmündungen errichtet und sind ein absolutes betriebliches Erfordernis, um im Eventualfall die Kanäle vor hydraulischer Überlastung zu schützen.

Der Kollaudierungsplan des Bachkanals in diesem Abschnitt zeigt bereits 1895 die fertig gestellte Einmündung in den Sammelkanal. Der Abrechnungsplan des Rechten Hauptsammelkanals trägt in diesem Bericht die Jahreszahl 1896. Oberhalb des Sammelkanals wurde im Krottenbachkanal ein Schotterfang errichtet.

Die Einwölbung quert in ihrem Verlauf den Wertheimsteinpark, folgt im Wesentlichen der Bachtrasse entlang den Gartengründen zwischen Nusswaldgasse und Hofzeile und quert die Silbergasse.

Der Bachkanal verläuft im Park unter dem bestehenden Fußweg entlang der 1898 hier fertig gestellten Vorortelinie in einer Tiefe von etwa vier Meter. Das Gefälle dieser 2,00 Meter/2,60 Meter großen Einwölbung beträgt 19 Promille.

Im Anschluss quert der Kanal die Doblinger Hauptstraße und bindet zwischen ONr. 91 und ONr. 93 in den Promenadenweg zwischen Nusswaldgasse und Hofzeile ein. Die Dimension bleibt hier gleich dem vorigen Bereich, die Tiefenlage beträgt zwischen vier Meter beim ersten Schacht nach der Querung und über zehn Meter in der Parkanlage nach der Silbergasse.

Abb. 98
Der Mündungs-
bereich des
Krottenbachs
dient heute dem
öffentlichen
Verkehrsnetz

Der Hauptsammler quert die Billrothstraße beim Rudolfinerhaus, wo er
in einer Tiefe von ca. 8,50 Meter die Arbesbacheinwölbung aufnimmt.
Dieser von der Sieveringer Straße kommende Bachkanal verlief vor der
Einwölbung seines Unterlaufes 1894 bis 1896 wie bereits beschrieben
in der um 200 Meter südlicheren Arbesbachgasse. Der Querschnitt des
Ziegelprofils beträgt im gegenständlichen Bereich der Einmündung
1,60 Meter/2,10 Meter bei einem Gefälle von 19 Promille.

Im Urprojekt der Krottenbacheinwölbung war vorgesehen, das Gerinne
im Zuge der Bauarbeiten am Krottenbach entlang seines Verlaufs in
der Arbesbachgasse bis nach der Querung mit der Friedlgasse ebenfalls zu kanalisieren. Die Umplanung der Trasse bewirkte die Verlegung
in die Sieveringer Straße, das Projekt wurde jedoch verzögert und vorerst ein bis zu 4,30 Meter tiefer und über 14 Meter langer Schotterfang
der Einleitung in den Krottenbachkanal vorgebaut.

Weiters führt die Krottenbacheinwölbung entlang eines Fußweges
durch die öffentliche Parkanlage der ehemaligen Nervenheilanstalt
in Döbling und folgt im Anschluss der Krottenbachstraße bis zur
Langenaugasse, wo der erste Bauteil ebenfalls mit einem Schotterfang
endete.

Abb. 99
Der Regenauslass
des Krottenbach-
kanals an der
Heiligenstädter
Lände ONr. 27b

Gemäß der ehemaligen ursprünglichen Flächenwidmung wäre anstelle des heutigen Fußweges ebenso der Ausbau einer breiten Gasse vorgesehen gewesen. Durch Nichteinlösung ist das Tal des Krottenbachs in diesem Bereich noch gut vorstellbar. In diesem Abschnitt erreicht der Bachkanal seine größte Tiefe im Zuge der Querung der Vorortelinie kurz nach der Einbindung in den Verlauf der Krottenbachstraße. Die Differenz zwischen Fließsohle und derzeitiger Straßenoberkante beträgt 14,57 Meter. Die Dimension des Ziegelprofils wechselt im Park von 2,00 Meter/2,60 Meter auf 1,40 Meter/1,90 Meter. Das Gefälle beträgt 16 Promille.

Der Kanal verläuft nun in der Krottenbachstraße in einer Tiefenlage von 11,50 bis 5,50 Meter. Bis zum ehemaligen Schotterfang vor der Langenaugasse, dem Ende des ersten Abschnitts, beträgt das Gefälle der Einwölbung 18 Promille bei unverändertem Querschnitt.

Betrachtet man den zu Beginn zitierten Auszug aus dem technischen Bericht des Stadtbauamts, so fällt auf, dass die Reihenfolge der Baudurchführung des ersten Bauabschnitts nicht chronologisch von der Vorflut bis zum Endkopf, sondern in diesem Falle etappenweise umgekehrt durchgeführt wurde. Gründe dafür mögen wohl in der

Koordinierung mit dem Projekt der Vorortelinie, welche vom Bachkanal unterfahren wird, aber auch in Zusammenhang mit der Bauausführung des Rechten Hauptsammelkanals in der Heiligenstädter Straße zu suchen sein, welcher in diesem Bereich wie erwähnt etwa zur gleichen Zeit zur Errichtung gelangte.

Interessant ist auch die ursprüngliche Trassierungsvariante der geplanten Vorortelinie in diesem Abschnitt. Demnach kam die Trasse unmittelbar im Bereich der 1887 aktuellen, mit der dem Gerinneverlauf nahezu identen, Bachkanalplanung zu liegen und folgte vom Gelände des Irrenhausgartens kommend dem Tal des Krottenbachs, welcher öfters durchschnitten wurde. Nach der Querung mit der Döblinger Hauptstraße mündete diese Variante in den Wertheimsteinpark und schwenkte ab der Elmargasse in etwa in ihren heutigen Verlauf ein. Wäre dieses Projekt realisiert worden, läge die Krottenbacheinwölbung an vielen Stellen unter der Eisenbahntrasse, was die Zugänglichkeit bei Gebrechen und Umbauten enorm erschwert hätte.

Da die Bauarbeiten am Unterlauf des Bachs wohl in engem Zusammenhang mit der Realisierung der Vorortelinie zu sehen sein müssen, erscheint ein kurzer Überblick auf das Zustandekommen dieser für Wien noch heute bedeutenden kommunalen Einrichtung angebracht: Das Projekt einer öffentlichen Verbindungsbahn in Wien trat erstmals bereits bald nach der 1850 vollzogenen Eingemeindung der Vorstädte auf und wurde in den nächsten Jahrzehnten ständig der Stadtentwicklung angepasst. Beinhaltete damals der Vorschlag eine Ringbahn, so wollte man nach Abtragung der Stadtbefestigungsanlagen den Stadtgraben für die Trasse einer U-Bahn nützen.

In den 80er Jahren forcierte eine Privatgesellschaft, welche mehrheitlich aus britischem Kapital bestand, aus wirtschaftlichen Interessen den raschen Ausbau einer Verbindungsbahn, für welche es bereits konkrete, ernst zu nehmende Linienvorschläge gab. Darin sind wohl die Gründe für die in den frühen Projektplänen der Krottenbacheinwölbung noch in Bezug auf das später realisierte Projekt abweichende Trassenvariante zu suchen.

1892 wurde ein Wettbewerb für den bereits erwähnten Generalregulierungsplan für Wien ausgeschrieben, welcher neben der Regulierung des Donaukanals und des Wienflusses auch eine Stadtbahntrasse vorsah.

Nach Übergabe des Linienwalls vom Kriegsministerium an die Stadt Wien erfolgte ab 1893 rasch dessen Schleifung. Die Idee, die freiwerdende Fläche auch für eine Stadtbahn zu nutzen, lag nahe. Aus dem Wettbewerb des Generalregulierungsplans von 1892 ging zwei Jahre später Otto Wagner als Sieger hervor.

Auf Grund zahlreicher negativer Erfahrungen mit privaten Unternehmungen in der Vergangenheit entschloss man sich in der Stadtverwaltung schließlich für eine große kommunale Lösung. Wagner wurde mit der Umsetzung seiner technischen und künstlerischen Entwürfe zur Errichtung der Stadtbahn beauftragt. In fünf Bauetappen wurde das Gesamtprojekt bis 1901 verwirklicht.

Im Frühjahr 1898 wurde die Wiental-Gürtellinie sowie die Vorortelinie der Wiener Stadtbahn von Penzing nach Heiligenstadt durch Franz Joseph I. eröffnet.

Vergleicht man die Pläne der Krottenbacheinwölbung des Jahres 1887 mit dem ausgeführten Projekt von 1893 fällt auch auf, dass jene Flächen im Bereich vom ehemaligen Irrenhausgarten bis zur Silbergasse, welche vorerst für die geplante Vorortelinie vorgesehen waren, nach Abänderung dieses Projekts dem neuen Bachkanal zugute kamen.

„Die Gemeinde Wien beabsichtigt die gegenwärtig noch offene 3.037 Meter lange Strecke des Krottenbachs von dem bestehenden Schotterfang an, nach aufwärts in einem Zuge zur Ausführung zu bringen und wurde für die vollständige Herstellung ein Termin von 260 Arbeitstagen in Aussicht genommen. Was den öffentlichen Verkehr während des Kanalbaus in der Strecke Oberdöblinger Nothspital – Sieveringer Straße (heutige Rathstraße) betrifft, so wird derselbe während dieser Bauausführung nicht behindert sein, dagegen ist, insoweit die Arbeiten in der Sieveringer-, Wiener- (heute Neustift am Wald) und Mariengasse (heute Hameaustraße) zur Ausführung gelangen, eine Einstellung des Wagenverkehrs auf der jeweilig in Bau begriffenen Strecke nicht zu umgehen und werden die Anordnungen wegen Ablenkung des Fuhrwerksverkehrs sowie die weiters erforderlichen

Abb. 100
Das Einwölbungs-
projekt zwischen
Döbling und der
Agnesgasse war
die Voraussetzung
zum Bau der
Krottenbach-
straße

Maßnahmen im Einverständniss mit der k. u. k. Polizeibehörde recht-
zeitig getroffen werden."

In den Jahren 1908 bis 1910 erfolgte endlich die längst notwendige und – wie im allgemeinen Teil ausgeführt – in einem Bericht des Stadtbauamts aus dem Jahr 1894 vom Stadtphysikat dringend geforderte Verlängerung bis nach Salmannsdorf. Ausschlaggebend war wohl auch die letzte große Überschwemmung in Neustift am 19. Juli 1907 durch den Krottenbach. Dieser Wolkenbruch richtete bekanntlich auch in Dornbach katastrophale Schäden an.

Das ausgeführte Projekt stellt sich wie folgt dar: Die bereits als Betonkanal errichtete Einwölbung folgt in diesem Abschnitt weiter dem Verlauf der Krottenbachstraße, wo der Kanal bis zur Strehlgasse mit der Dimension 1,40 Meter/1,90 Meter und einem Gefälle von 20 Promille zur Ausführung gelangte. Ab der Strehlgasse wurde, wie erwähnt, der Durchstich des öffentlichen Verkehrsweges hergestellt.

Nach einer Reduktion des Profils auf 1,20 Meter/1,80 Meter bei gleichzeitiger Steigerung des Gefälles auf 23 Promille erreicht der Bachkanal Neustift am Wald. Die Tiefenlage des Bauwerks reicht von 6,75 Meter bei Etappenbeginn bis 5,37 Meter in Höhe Eyblergasse, wo das Profil neuerlich reduziert wurde und zwar auf 1,00 Meter/1,50 Meter. Im Abschnitt Eyblergasse – Celtesgasse erreicht der Kanal ein Gefälle von bis zu 37 Promille.

Ab der Celtesgasse, wo die Einwölbung 5,90 Meter tief liegt, verläuft der Bachkanal im Profil 0,90 Meter/1,35 Meter bis zur Einleitung des Gerinnes am Sulzweg und in weiterer Folge beträgt die Dimension in der Hameaustraße und der Keylwerthstraße 0,80 Meter/1,20 Meter. Der Endpunkt in der Salmannsdorfer Straße wird in der kleinsten begehbaren Eiprofildimension 0,70 Meter/1,05 Meter erreicht. Hier wurde der verbleibende Oberlauf des Krottenbachs an den Kanal angeschlossen. Das Gefälle schwankt in der Hameaustraße zwischen 90 und 95 Promille, reduziert sich in der Keylwerthgasse auf 26 Promille und erreicht am Ende der Bachkanaleinwölbung bis zu 100 Promille. Die Abstiche am oberen Ende betragen zwischen 4,20 Meter und 5,00 Meter.

„*Die projektierte Einwölbung schließt sich nach der Demolierung des zwischen Kilometer 0,0 und Kilometer 0,1 befindlichen Schotterfanges und der Anschlusskurve direkt an die bestehende Einwölbung an, die zur Richtung in der Achse der verlängerten Neustiftgasse beibehalten wird. Bis Kilometer 2,0 wird die Einwölbung in der projektierten Verbindungsstraße Oberdöbling – Neustift geführt und schneidet in dieser Strecke die Kanalachse wiederholt das vielfach Serpentinen bildende derzeitige Bachbett. Durch die Führung der Einwölbung in einer möglichst geraden Linie wird die Einwölbungslänge wesentlich verkürzt und das Gefälle verbessert.*"

Zitiert wird hier der Projektverlauf des seinerzeit noch nahezu völlig unverbauten zweiten Abschnitts zwischen der Langenaugasse und der Agnesgasse, welcher damals wie erwähnt Neustiftgasse genannt wurde und großteils aus Äckern und Weingärten bestand.

Die Kilometrierung bezieht sich auf den Schotterfang Langenaugasse, wo der Abschnitt begann. Auf Grund der erst nach der Einwölbung einsetzenden Bautätigkeit gibt es in diesem Verlauf des Krottenbachs so gut wie keine Bezugspunkte zur Gegenwart mehr.

Aus dem technischen Bericht des Stadtbauamts kann man über den geplanten weiteren Einwölbungsverlauf erfahren: „*Bei Kilometer 2,0 tritt die Einwölbung in das schon gegenwärtig verbaute Gebiet und wird in der Sieveringer Straße bis Kilometer 2,4 geführt. Gegenwärtig liegt das Bachbett in dieser Strecke außerhalb der Straße zwischen Privatgrundstücken. Für die Führung der Einwölbung kann das alte bestehende Bachbett nicht benutzt werden. Da der Kanal wegen der Zugänglichkeit und Berücksichtigung einer späteren regelmäßigen Verbauung in die Straße verlegt werden muss. Da aber die gegenwärtig bestehende Straße für die Ausführung der Einwölbung zu eng ist, und diese auch späterhin den in der Baulinie auszuführenden größeren Nutzbauten zu nahe liegen würde, müssen für die Herstellung des Kanalbaus Privatgründe in Angriff genommen werden, die ohnehin in Zukunft zur Verbreiterung der Straße abgetreten werden müssen.*"

184

In Höhe der heutigen Rathstraße erreichte die Baustelle nach 1.900 Meter das Ortsgebiet von Neustift am Wald. Ursprünglich war geplant, das eingereichte Projekt des zweiten Bauabschnitts in einem auszuführen, doch wurden die Arbeiten bei der Agnesgasse unterbrochen. Die Gründe dafür sind heute nicht mehr nachvollziehbar, doch dürften neben finanziellen Schwierigkeiten auch bau- und grundstückstechnische Probleme zur vorübergehenden Einstellung gezwungen haben. Im technischen Bericht stellte man sich die Lage jedenfalls noch einfacher vor. *„Zwischen Kilometer 2,4 und Kilometer 2,7 kommt die Einwölbung in der Wiener Straße zu liegen und fällt auch hier die Trasse des Kanals teilweise in die Vorgärten der dortigen Häuser. An den Realitäten 42, 25, 26 und 27 Wiener Straße, welche weit in die Straße vorspringen, führt die Kanalstraße knapp vorüber, eine Einlösung der Häuser aus Anlass des Kanalbaues ist jedoch nicht erforderlich und werden bei der Bauausführung alle Vorkehrungen getroffen um den Bestand dieser Gebäude zu sichern.“*

Da die Einwölbungsarbeiten am Krottenbach nicht wie ursprünglich geplant 1894 im Anschluss an die fertig gestellte untere Etappe fortgesetzt werden konnten, gibt es für den Oberlauf auch zwei Vermessungsaufnahmen für Grundablöseverhandlungen, wobei die zweite, wie vermerkt wurde, offenbar unter ungünstigen Bedingungen zu Stande kam, die Fehlergrenze vom Stadtbauamt jedoch als vertretbar eingestuft wurde. Vergleicht man die Geometeraufnahme von 1894 mit jener aus dem Jahr 1909, wird vor allem erkennbar, dass der eckige Kurvenbereich von der Rathstraße zur Krottenbachstraße nachreguliert wurde.

Hätte die alte Widmung von 1894 noch die Baulichkeiten Rathstraße ONr. 6–22 durchschnitten, so wurde das Verkehrsband nun durch die Verziehung etwas südlicher ausgewiesen. Auch die Trassenlage des geplanten Kanals wurde nachjustiert. Gleichzeitig wurde eine breitere Anbindung an die Agnesgasse hergestellt.

Nach schwierigen Verhandlungen mit den Anrainern war eine Fortsetzung des Projekts in Neustift erst 1910 bis zum Sulzweg möglich, wo der nunmehrige dritte Bauabschnitt endete.

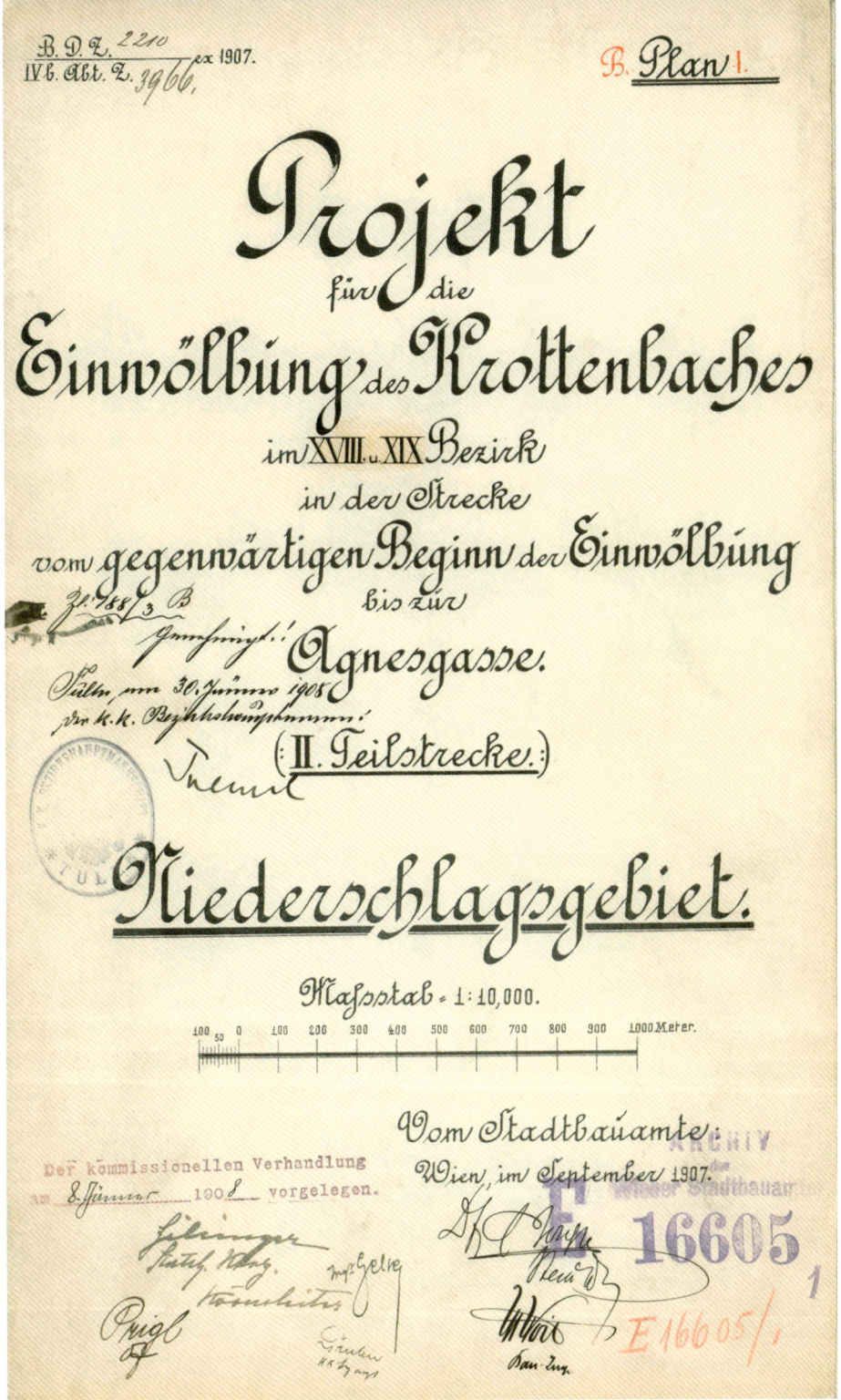

Abb. 101, 102
Der Einzugs-
gebietsplan des
Krottenbachs
gemäß Projekt
von 1907

„Oberhalb Kilometer 2,7 verlässt das alte Bachbett die Straße und läuft hinter den dort befindlichen Realitäten parallel zur Mariengasse. Die Bacheinwölbung wird jedoch von Kilometer 2,7 bis zum Sulzwege in der Mariengasse zur Ausführung gelangen und sind in dieser Strecke keine Privatgrundstücke erforderlich.

Bei Kilometer 3.073 schließt der neu zu erbauende Kanal an die bereits ausgeführte Sulzbach-Überwölbung an, in welche schon vorher der Krottenbach mittels eines Schotterfangs eingemündet wurde. Durch die in späterer Zeit auszuführende Fortsetzung des Kanals in der

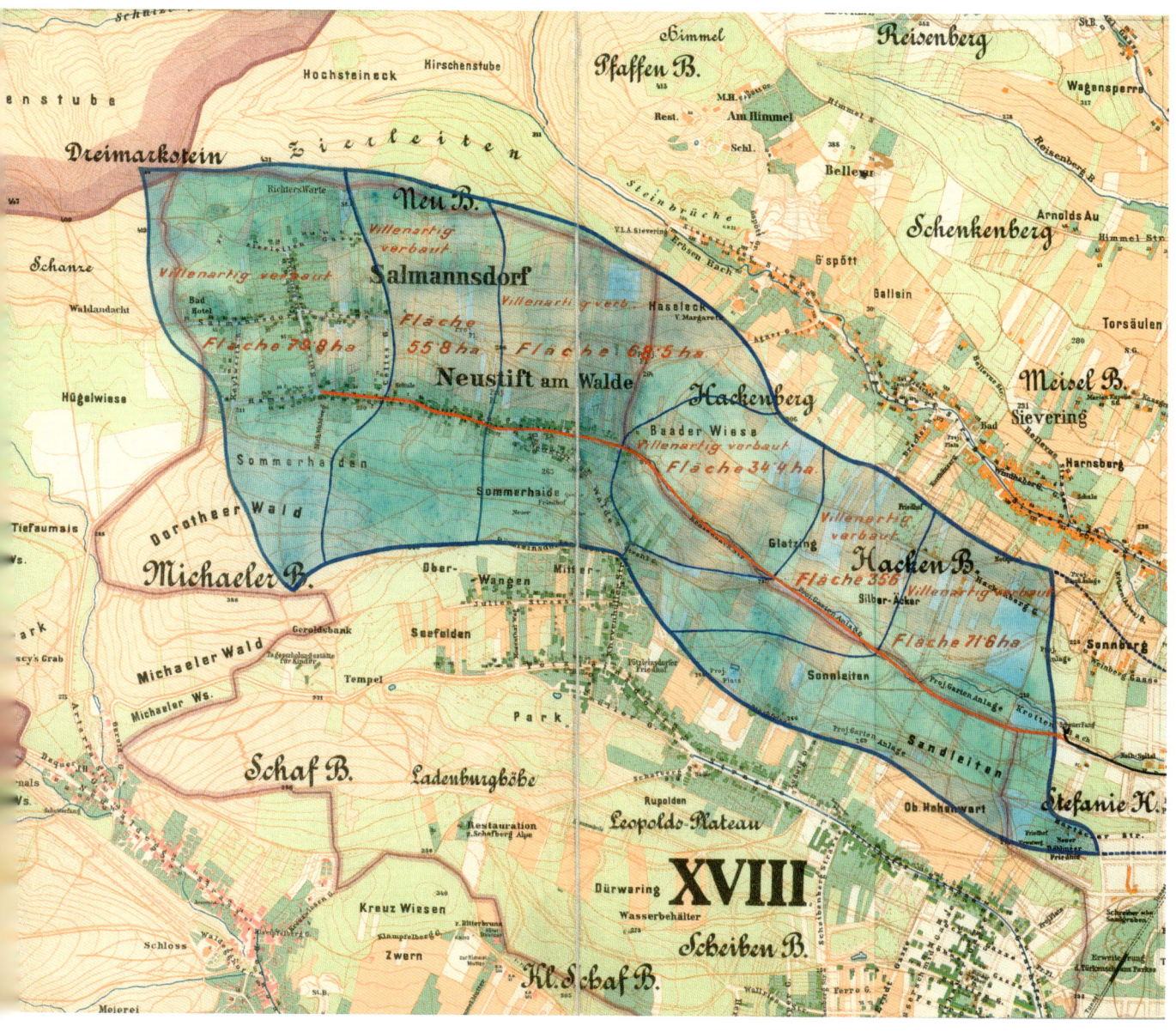

Abb. 103, 104
Reste der alten Sulzbacheinwölbung,
welche im Zuge von Bauarbeiten
in der Hameaustraße freigelegt wurden

Marien- und Karolinengasse wird es ermöglicht werden, den Krottenbach schon von der Salmannsdorfer Hauptstraße an in eingewölbten
Gerinne zu führen.

*Die vom Michaela Berg aus dem Dorotheer Wald zufließenden
Niederschläge, die gegenwärtig in einem, hinter der rechtsseitigen
Häuserzeile der Mariengasse gelegenen Graben dem Krottenbach
zufließen, werden durch ein kurzes in den Michaelawald-Weg her-
zustellendes Kanalstück der Krottenbacheinwölbung in der Mariengasse zugeleitet."*

Durch die erwähnte Fortsetzung der Kanalisierung über die Marien-
und Karolinengasse, die heutige Hameaustraße und Keylwerthgasse,

bis zur Salmannsdorfer Straße wurde 1930 die Einwölbung mit einer Gesamtlänge von 6.170 Meter beendet. Der Krottenbachkanal war nun, wie bereits 1894 geplant, bis Salmannsdorf fertig gestellt.

Die im technischen Bericht erwähnte alte Sulzbacheinwölbung leitete das gleichnamige Gerinne gemeinsam mit dem Krottenbach ab dem Salmannsdorfer Sulzweg bis in den Michaelerwaldweg ab, wo sich der Wasserlauf hinter den Baulichkeiten der ungeraden Ordnungsnummern mit einem schon erwähnten vom Michaelerwald kommenden, südlichen Seitenarm vereinigte, um bis zur Neustifter Gemeindegrenze eingewölbt die Abwässer dieser Realitäten abzuleiten. Es handelte sich hier gleich wie im Unterlauf um eine notdürftige und unzureichende Maßnahme.

Sowohl an der Celtesgasse als auch hinter dem Haus Hameaustraße ONr. 32, also am Michaelawaldweg, wurden im Zuge der Krottenbacheinwölbung 1910 Schotterfänge errichtet. Die alte, teilweise überbaute Sulzbacheinwölbung wurde nach Fertigstellung des neuen Kanals stillgelegt.

Abb. 105
Eine Reminiszenz
an eine
verschwundene
Landschaft.
Ein letzter
Rest des alten
Bachs nächst
der Neustifter
Hameaustraße

Im Zuge von Bauarbeiten werden immer wieder Reste dieser alten Einwölbung freigelegt, welche auf Grund der großen Drainagewirkung
die Hangwässer der Sommerhaide aufnimmt und daher auch heute
noch Wasser führend ist. Da der Bachkanal bis fast ins Quellgebiet des
alten Wasserlaufs reicht, war entgegen der üblichen Gepflogenheit
keine Anordnung von Rückhalte- bzw. Spülbecken am Einwölbungs-
ende mehr notwendig.

Die Kanalisation des Krottenbachs beendete das bäuerliche Erscheinungsbild des Tales am Abhang des Hackenbergs und leitete die Ver-
städterung ein. Die Einwölbungsarbeiten waren nicht nur Impulsgeber
für den Ausbau der Verkehrswege. Viele der alten Hutweiden und
Weingärten wurden parzelliert und als Bauland ausgewiesen. Ebenso
ermöglichte der Durchstich der Krottenbachstraße die leichtere
Erreichbarkeit von Neustift und Salmannsdorf und deren direkte
Anbindung an die Großstadt. Die wesentlichen Flächenwidmungen
sind auf dem Lageplan von 1908 bereits enthalten.

Manch alte Flurbezeichnungen wie Saileräcker, Glanzing oder Som-
merhaiden haben sich bis heute in der Nomenklatur erhalten, andere
jedoch sind seit jenen Tagen verschwunden, so wie der Bach selbst und
die Landschaft, die er einst prägte.

191

LITERATUR- UND QUELLENVERZEICHNIS

Planarchiv der Magistratsabteilung 29 – Brücken- und Grundbau,
Baugrundkataster, 1160 Wien

Planarchiv der Magistratsabteilung 30 – Wien Kanal, 1030 Wien

Planarchiv der Magistratsabteilung 45 – Gewässerbau, 1160 Wien

Planarchiv der MA 8 – Wiener Stadt- und Landesarchiv

Plan- und Fotoarchiv Wien Museum (ehemals MA 10)

Die Beethoven Gedenkstätten, Eigenverlag Wien Museum
(ehemals MA 10)

Die Schubert Gedenkstätten, Eigenverlag Wien Museum
(ehemals MA 10)

Bezirksmuseum Hernals – Zeitschriften- und Fotosammlung

Bezirksmuseum Döbling – Zeitschriften- und Fotosammlung

Czeike, Historisches Wienlexikon in 5 Bänden,
Kremayr und Scheriau, Wien, 1992–1997

Ebner, Schnee im November, Styria Verlag 1984, Graz

Kinz, Damals in Hernals, Jugend und Volk 1990, Wien

Kohl, Wien am Anfang des 20. Jahrhunderts,
Sonderdruck der Stadt Wien, 1909

MD-Stadtbaudirektion, 150 Jahre Wr. Stadtbauamt,
Compress Verlag 1140 Wien, 1985

Messner, Der Alsergrund im Vormärz,
Verband der wissenschaftlichen Gesellschaften Österreichs, 1993

Opll, Wien im Bild historischer Karten, Böhlau Verlag, Wien, 1983

Stadler, Die Entwässerungsanlagen der Stadt Wien,
Magistratsabteilung 30, Wien, 1960

Stadtchronik Wien, Chr. Brandstauer Verlag & Edition,
1. Auflage Wien, 1986

Waissenberger, Studien 79/80 aus dem historischen Museum
der Stadt Wien, Jugend und Volk 1980, Wien

Weyr, Eine Stadt erzählt, Paul Zsolnay Verlag, Wien, 1984

Wien Chronik, Berglandbuch Salzburg, 1985

Wildgans, Musik der Kindheit, Kremayr und Scheriau, Wien,
1976, 1981

ABBILDUNGSVERZEICHNIS

Abb. Seite 10 und 11:
Kaiser Franz begutachtet den Bau des Cholera-Kanals, 1831,
Lithographie von J. Trentsensky: Stadt Wien, Wien Museum

Abb. 1, Karte von Wien 1803:
Stadt Wien, Magistratsabteilung 30 – Wien Kanal

Abb. 2, Römischer Kanaldeckel des Standlagers Vindobona:
Stadt Wien, Magistratsabteilung 30 – Wien Kanal

Abb. 3, Beginn der Bauarbeiten zur Errichtung des Rechten
Wienflusssammelkanals, Herbst 1831:
Stadt Wien, Magistratsabteilung 30 – Wien Kanal

Abb. 4, Die Wiener Kanalisation um 1730:
Stadt Wien, Magistratsabteilung 30 – Wien Kanal

Abb. 5, Bis 1892 bildete der alte Linienwall die Grenze zu den
Vororten: Stadt Wien, Magistratsabteilung 30 – Wien Kanal

Abb. 6, Überblick über die verschiedenen Entsorgungssysteme
von Wien. Rund 80% der Stadt werden im Mischsystem (Regen- und
Fäkalwässer) entsorgt, deren Hauptsammler rechtsufrig der Donau
zumeist die Bachkanäle sind:
Stadt Wien, Magistratsabteilung 30 – Wien Kanal

Abb. 7, Das Hauptsammelkanalnetz von Wien (Stand um 1960).
Die einmündenden Bachkanäle entlang der Wienflusssammler sowie
nordwestlich davon sind durch ihre Mäanderform gut ersichtlich:
Stadt Wien, Magistratsabteilung 30 – Wien Kanal

Abb. 8, Auslassbauwerk und Einwölbungsprofil des Ameisbachs:
Stadt Wien, Magistratsabteilung 30 – Wien Kanal

Abb. 9, Ottakringer Bach im Liebhartstal, letzte Reste um 1930:
Stadt Wien, Magistratsabteilung 45 – Wasserbau

Abb. 10, Das Spülbecken der Lainzer-Bach-Einwölbung in Lainz
um 1910: Stadt Wien, Magistratsabteilung 30 – Wien Kanal

Abb. 11, Regenauslass Lainzer Bach während eines Starkregenereignisses in den Wienfluss:
Stadt Wien, Magistratsabteilung 30 – Wien Kanal

Abb. 12, Nesselbachspülbecken in Grinzing um 1905:
Stadt Wien, Magistratsabteilung 30 – Wien Kanal

Abb. 13, Der Oberlauf des Arbesbachs in Sievering um 1960:
Stadt Wien, Magistratsabteilung 30 – Wien Kanal

Abb. 14, Der Oberlauf des Arbesbachs in Sievering um 1960:
Stadt Wien, Magistratsabteilung 30 – Wien Kanal

Abb. 15 und 16, Idyll am Schreiberbach, wo der 2. Satz von
Beethovens Pastorale, die so genannte „Szene am Bach" entstand:
Christian Gantner

Abb. 17, Der Arbesbach in seinem Oberlauf in Sievering:
Christian Gantner

Abb. 18, Nussdorf von der Brigittenau, nicht näher bezeichneter
Stich, vermutlich frühes 19. Jahrhundert: Stadt Wien, Wien Museum

Abb. 19, Blick über die unregulierte Donau bei Nussdorf im
Biedermeier: Stadt Wien, Wien Museum

Abb. 20, Der Burgfriedsplan von 1670 stellt die Mündung des
Salzgriesarmes in den Wiener Arm bereits oberhalb der heutigen
Friedensbrücke dar: Stadt Wien, Magistratsabteilung 8

Abb. 21, Plan von Wien, J. Baptist Homan, Nürnberg 1707–1712.
Der linke untere Teil des Plans zeigt den alten Salzgriesarm, welchen
die Halterau vom heutigen Donaukanal trennt. Gut ersichtlich ist
auch der lange Sporn bei der Abzweigung vom Donauhauptstrom.
Der Salzgriesarm ist vom Hauptstrom abgetrennt:
Stadt Wien, Wien Museum

Abb. 22, Der Nesselbach oder Grinzinger Bach vor der Einmündung
in das Spülbecken: Christian Gantner

Abb. 23, Die alte Restauration, Nussdorf, vor 1888:
Stadt Wien, Wien Museum

Abb. 24, Die Rossau 1827 von Carl Graf Vasquez. Gut erkennbar
von links nach rechts: der Rossauer Schmidtgraben, die Als mit
Einmündung Währinger Bach sowie der Döblinger Bach: Stadt Wien

Abb. 25, „Abriss" von Wien. Stich von F. v. Alten-Allen, 1683.
Der Unterlauf des Alsbachs mit Einmündung in den Donaukanal ist
links gut ersichtlich: Stadt Wien, Magistratsabteilung 30 – Wien Kanal

Abb. 26, Der hart verbaute Alsbach in seinem Oberlauf nächst der
Neuwaldegger Straße 1990 vor der Renaturierung durch die MA 45:
Christian Gantner

Abb. 27, 28 und 29, Der von der MA 45 renaturierte Alsbach im
gleichen Bereich 2004: Christian Gantner

Abb. 30, Beim Hanslteich ist die Als noch im Original zu sehen:
Christian Gantner

Abb. 31, Bäuerliches Anwesen an der Als in Höhe der Einmündung
des ehemaligen Halterbachs um 1880, heute Alszeile ONr. 99:
Bezirksmuseum Hernals

Abb. 32, Der heutige Elterleinplatz, früher Hernalser Hauptplatz,
stadtauswärts, um 1870: Bezirksmuseum Hernals

Abb. 33, Blick vom Hernalser Hauptplatz stadteinwärts um 1870. Der Trasse des alten Baches folgt heute die Straßenbahn durch die Jörgerstraße: Bezirksmuseum Hernals

Abb. 34, Albertinischer Plan um 1422, rechts der künstlich eingeleitete Alsbach, welcher durch den Tiefen Graben, dem alten Bett des Ottakringer Bachs, abfloss: Stadt Wien, Magistratsabteilung 8

Abb. 35, Bericht des Wiener Extrablattes über die Kanalisierungsarbeiten in Neuwaldegg 1885: Bezirksmuseum Hernals

Abb. 36, Die alte Alsbacheinwölbung von 1840: Stadt Wien, Magistratsabteilung 30 – Wien Kanal

Abb. 37, Der Oberlauf der Als in Neuwaldegg mit projektierter Kanaltrasse 1893. Links ist der Anschluss an das von der Gemeinde Neuwaldegg bereits 1884–85 eingewölbte Teilstück ersichtlich, welches 1911 von der Stadt Wien in ein Betonprofil umgebaut wurde: Stadt Wien, Magistratsabteilung 30 – Wien Kanal

Abb. 38, Die alte Währinger-Bach-Einwölbung von 1848: Stadt Wien, Magistratsabteilung 30 – Wien Kanal

Abb. 39, Die Einwölbungsarbeiten der ehemaligen Gemeinde Neuwaldegg in der Neuwaldegger Straße beginnen 1884: Bezirksmuseum Hernals

Abb. 40, Die Bauarbeiten der Alsbacheinwölbung der ehemaligen Gemeinde Neuwaldegg in der Neuwaldegger Straße werden 1885 vollendet: Bezirksmuseum Hernals

Abb. 41, Die Kanalisierung des Alserbachs nächst dem ehemaligen Badehaus in Dornbach 1893, Blickrichtung stadteinwärts: Bezirksmuseum Hernals

Abb. 42, Die Einwölbungsarbeiten in der späteren Alszeile von der Badgasse (heute Vollbadgasse) stadtauswärts, 1893: Bezirksmuseum Hernals

Abb. 43, Technischer Bericht zur Kanalisierung der Als 1893: Stadt Wien, Magistratsabteilung 30 – Wien Kanal

Abb. 44, (Seite 92 bis 95), Plan Alsbachkanal (Ausschnitte), Aufnahme 1871, vom Linienwall (heute Zimmermannplatz) bis zur Friedensbrücke: Stadt Wien, Magistratsabteilung 30 – Wien Kanal

Abb. 45, Landschaftsbilder vom Alserbach, Wiener Extrablatt 1894: Bezirksmuseum Hernals

Abb. 46, Projektplan der Spülanlage Marswiese 1898: Stadt Wien, Magistratsabteilung 30 – Wien Kanal

Abb. 47, Hydraulische Berechnungen für den Bereich Alszeile 1893:
Stadt Wien, Magistratsabteilung 30 – Wien Kanal

Abb. 48, Landschaftbilder vom Alserbach, Wiener Extrablatt 1885:
Bezirksmuseum Hernals

Abb. 49a und 49b, Rekonstruierte Querprofile in der Alszeile.
Deutlich ist die massive Anschüttung nach Beendigung der
Einwölbungsarbeiten zu sehen:
Stadt Wien, Magistratsabteilung 30 – Wien Kanal

Abb. 50, Der Bereich Marswiese mit projektiertem Spülbecken und
Einbindung des Kräuterbachs 1898:
Stadt Wien, Magistratsabteilung 30 – Wien Kanal

Abb. 51, Das Einlaufwerk des heutigen Bachkanals, errichtet 1899,
nächst der Marswiese in Neuwaldegg: Christian Gantner

Abb. 52, Die Kabskutscher – Lkws von damals. Die weithin bekannten
rauen Gesellen hatten mit ihren Fuhrwerken oftmals gewaltige
Erdbewegungen zu bewältigen: MD-Stadtbaudirektion

Abb. 53, Der Bau des Entlastungskanals in der Alserstraße 1913
wurde im bergmännischen Vortrieb errichtet:
Stadt Wien, Magistratsabteilung 30 – Wien Kanal

Abb. 54, Die Hochwasser-katastrophe in Dornbach vom 17. Juli 1907:
Bezirksmuseum Hernals

Abb. 55, Die Einzugsfläche des Alserbachkanals inklusive des
Währinger-Bach-Kanals beträgt über 2.200 Hektar:
Stadt Wien, Magistratsabteilung 30 – Wien Kanal

Abb. 56, Die Umbauarbeiten des alten Alsbachprofils um 1950:
Stadt Wien, Magistratsabteilung 30 – Wien Kanal

Abb. 57, Die Umbauarbeiten des alten Alsbachprofils um 1950:
Stadt Wien, Magistratsabteilung 30 – Wien Kanal

Abb. 58, Lageplan mit Bauloseinteilung, 1946:
Stadt Wien, Magistratsabteilung 30 – Wien Kanal

Abb. 59, Der Regelquerschnitt des neuen Doppelprofils, 1946:
Stadt Wien, Magistratsabteilung 30 – Wien Kanal

Abb. 60, Die Querprofile des alten Alserbachkanals vor den
Umbauarbeiten in der Alserbachstraße, 1947–1953:
Stadt Wien, Magistratsabteilung 30 – Wien Kanal

Abb. 61, Die Umbauarbeiten im Vereinigungsbauwerk
zum Rechten Hauptsammelkanal um 1950:
Stadt Wien, Magistratsabteilung 30 – Wien Kanal

Abb. 62, Das fertig gestellte Vereinigungsbauwerk:
Stadt Wien, Magistratsabteilung 30 – Wien Kanal

Abb. 63, Vermessungsarbeiten im alten Alserbachprofil, 1947:
Stadt Wien, Magistratsabteilung 30 – Wien Kanal

Abb. 64, Die Arbeiten im neuen Doppelprofil um 1950:
Stadt Wien, Magistratsabteilung 30 – Wien Kanal

Abb. 65, Der Regenauslass des Alserbachkanals nächst der
Friedensbrücke, 1990: Christian Gantner

Abb. 66, Neustift Anfang des 19. Jahrhunderts, dargestellt sind die
beiden Oberläufe des Krottenbachs: Stadt Wien, Wien Museum

Abb. 67, Die Kirche zum Hl. Rochus in Neustift, um 1900:
Stadt Wien, Wien Museum

Abb. 68, Die Rathstraße mit offenem Krottenbach, um 1900:
Bezirksmuseum Döbling

Abb. 69, Der nördliche und südliche Oberlauf des Krottenbachs,
Projektplan von 1907:
Stadt Wien, Magistratsabteilung 30 – Wien Kanal

Abb. 70, Die alte Neustiftgasse, heute Krottenbachstraße, im
Biedermeier: Stadt Wien, Wien Museum

Abb. 71, Sieveringer Landidylle im Biedermeier, Lithographie von
Sandmann. Im Vordergrund ist der Erbsenbach gut ersichtlich:
Stadt Wien, Wien Museum

Abb. 72, 73, Die Strehlgasse war die alte Hauptverbindung nach
Neustift: Christian Gantner

Abb. 74, Die Form des Fußweges im ehemaligen Irrenhausgarten
erinnert noch an den alten Bachverlauf: Christian Gantner

Abb. 75, Die Villa Henikstein in Döbling: Christian Gantner

Abb. 76, 77, Der Arbes- oder Erbsenbach in Sievering um 1960:
Stadt Wien, Magistratsabteilung 30 – Wien Kanal

Abb. 78, Situation am Zusammenfluss von Krottenbach und
Arbesbach in Oberdöbling um 1880 im Vergleich zu heute:
Stadt Wien, Magistratsabteilung 30 – Wien Kanal

Abb. 79, Die alte Bachtrasse verlief durch den Vorgarten des
Rudolfinerhauses: Christian Gantner

Abb. 80, Protokoll, 25. Oktober 1894:
Stadt Wien, Magistratsabteilung 30 – Wien Kanal

Abb. 81, Die ehemalige Sommerfrische Döbling im Vormärz:
Stadt Wien, Wien Museum

Abb. 103, 104, Reste der alten Sulzbacheinwölbung, welche im Zuge von Bauarbeiten in der Hameaustraße freigelegt wurden: Stadt Wien, Magistratsabteilung 45 – Wasserbau

Abb. 105, Eine Reminiszenz an eine verschwundene Landschaft. Ein letzter Rest des alten Bachs nächst der Neustifter Hameaustraße: Christian Gantner

FROM STREAMS TO CANALS

CHRISTIAN GANTNER

CHRISTIAN GANTNER

FROM STREAMS TO CANALS

Charting the History
of Vienna's Canalised Streams

EDITED BY: CITY OF VIENNA / MUNICIPAL DEPT. 30
VIENNA WASTE WATER MANAGEMENT

PUBLISHING INFORMATION

Media owner, editor: City of Vienna / Municipal Dept. 30 –
Vienna Waste Water Management
Author: Christian Gantner
Credits: Christian Gantner, archive of Municipal Dept. 30, list of references
Concept / Graphics: Silvia Freudmann, Claudia Drechsler
Publisher: Bohmann Druck und Verlag Ges.m.b.H. & Co.KG., 1110 Vienna, Austria
Printed on ecological paper from the sample folder of "ÖkoKauf Wien".

Chronicling the history of Vienna's brooks and streams, this publication traces the development over time of two former brooks from open watercourses to canalised streams. They were not selected arbitrarily, as these two brooks decisively marked and shaped the surrounding landscape for centuries.

One of them is the Als brook, whose meanders can still be gleaned in Vienna's street network more clearly than those of any other old watercourse. Or the Krottenbach, a stream cutting deep into the terrain and hence bisecting the village of Döbling into an upper and a lower part, which necessitated the construction of steep connecting flights of stairs. In fact, it is only through knowledge of this historic given that the names Oberdöbling and Unterdöbling ("Upper Döbling" and "Lower Döbling") become understandable.

These two watercourses moreover clearly illustrate the development of Vienna's canalisation and sewer system in the 19th century. While the lower course of the Als brook was part of the first municipal canalisation programme, which was developed between 1830 and 1834 and completed in 1850 (hence initiating the history of planned stream canalisation in the Biedermeier age), the Krottenbach in its turn stands for the second and final phase of stream canalisation, which extended from 1891 to the turn of the century and beyond.

Both are therefore symbols of an era and typical examples of a technological development push that laid the cornerstone for Vienna's rise to a metropolis around 1900.

The articles "Die Als – Die Geschichte eines Wasserlaufs" (The Als Brook – The History of a Watercourse) and "Am Krottenbach – Auf den Spuren einer historischen Landschaft" (Along the Krottenbach – On the Trail of a Historic Landscape), both part of the series "Vom Bach zum

Bachkanal", were first published in 1991 and 1997, respectively, both by Municipal Department 30 at its own initiative and as unaltered reprints supplementing the Wiener Geschichtsblätter series issued by Verein für Geschichte der Stadt Wien.

Both articles were abbreviated and are now available in an updated, revised and enlarged version including additional photographs and maps.

Thus the chapter on Vienna's vaulted-over brooks in the Krottenbach article was revised and now precedes the two sections on the historic streams by way of general introduction. By the same token, the chapter on the silting-up of a branch of the Danube from the Krottenbach article was transferred to the general section to ensure a clearer overview.

The former watercourses are reconstructed in the direction of their flow from source to debouchment while the course of housed-in streams is described, in keeping with the technique of canalisation, against the flow direction from the point of debouchment into the receiving water body to the end of the canal.

Smaller rivulets in the catchment areas of the two watercourses were likewise covered if considered interesting for the purposes of this text.

Except for those sections that merited more in-depth treatment, the present text reflects the layout of the historic watercourses in the years before being housed in.

The description of the construction works conducted to house in the brooks refers to the projects originally executed; later refurbishment measures were taken account of where justified.

Christian Gantner

Emperor Francis inspects the construction works of the "cholera canal" in 1831.
Lithograph by J. Trentsensky

GENERAL SECTION

THE HOUSING-IN OF BROOKS ON VIENNA'S MUNICIPAL TERRITORY –
A GENERAL OVERVIEW

Looking at a map of modern-day Vienna, it is almost impossible to imagine that brooks and streams, larger and smaller streamlets and rivulets used to flow through many lanes and streets of this city as late as in the Biedermeier period. All of these watercourses originated in the Vienna Woods, which to this day, belt-like, encircle the metropolis from north-west to south.

Old engravings and paintings of those times depict these watercourses, along whose banks gnarled silhouettes, giant trees of bygone eras were outstanding landmarks that invited strollers to stay awhile and relax.

But where have all the brooks and rivulets gone that used to dominate Vienna's geography and outlook for so many centuries and played such an essential role in determining the urbanistic development of the metropolis? Many of them have been forgotten while others are still recalled through street and place names (Alserbachstrasse, Krottenbachstrasse, Dornbach, etc.).

To this day, their depth contours and meanders can be traced through the urban area of the Austrian capital. Banished into the "underworld", these water suppliers of the past today contribute significantly towards comprehensive sewage disposal. Only the rivers Wien and Liesing – the two biggest watercourses to originate in the Vienna Woods – are still prominent in the modern cityscape; Wien River remains visible along several sections where it was not housed in.

Wastewater disposal engineers call such housed-in watercourses "canalised streams". Former brooks were covered and vaulted over; their spring water now serves to flush and drain blackwater and

Fig. 1, Map of Vienna in 1803

stormwater. Due to the dimensions of the vaulted-over canals and their low topographic position, they are a fixed element of Vienna's modern-day main collector network; their importance may be compared to that of the main traffic arteries crossing Vienna.

The idea of using brook water flowing into a city to flush its sewers and at the same time prevent flood catastrophes goes back to the engineers of ancient Greece. The later sewer system of ancient Athens evolved from a vaulted-over brook called Eridanus, which crossed the old city centre north of the Acropolis.

The development of Rome, too, was significantly influenced by its canalised streams. The oldest Roman drainage structures were undoubtedly built by Etruscan engineers. In the 6th century B.C., Tarquin the Elder ordered the construction of a drainage system emptying into the Tiber to render the marshy river plain dry and useful for agriculture.

In the course of time, this drainage system was also used to dispose of human and animal excrement. The constant growth of the city entailed the construction of a growing number of sewers, most of which were connected to the existing receiving watercourse, so that this canalised stream gradually developed into the biggest Roman collector, the Cloaca Maxima. The system was 800 metres long, and, being 3.20 metres wide and 4 metres high, of respectable size even by current standards. However, the original development of this sewer was very similar to that of Athens.

Typically of canalised streams, an embankment was first created; then the watercourse was covered – at first partially, later in its entirety – parallel to the development of the city and used to dispose of water contaminated with waste and excrement.

This sewer construction technique was employed by the Romans throughout their empire wherever possible. The setting-up of the Roman military camp Vindobona launched the history of sewer construction and brook canalisation in what was to become Vienna.

The Roman commanders had chosen both a geographically and strategically favourable position for their camp. To the north-west, the Roman fort was delimited by today's Tiefer Graben, through which the brook Ottakringer Bach continued to flow far into the Middle Ages.

The former Salzgries branch of the Danube and the modern-day Graben formed the north-eastern and south-western boundaries of the

Roman camp. To the south-east, the fort was bordered by a narrow rivulet that originated in the lower third of the Graben and probably debouched into the Salzgries branch of the Danube somewhere along today's Rotgasse and Kramergasse.

Ottakringer Bach on the one hand and the abovementioned rivulet on the other hand split the camp into two drainage zones.

The effluents of the camp were fed into collectors, which transported waste and excrement via feeder canals into these two open watercourses and further into the old branch of the Danube. For example, a stretch of sewer with an internal width of 80 centimetres and an internal height of 1.80 metres running parallel to Tiefer Graben was found in the basement of the headquarters of Vienna's fire-fighting services situated in the square Am Hof.

Undoubtedly, the short rivulet originating from the Graben carried very little water; as a result, it is highly probable that this watercourse was covered and canalised, at least in part, already in those days. The fact that the size of the inhabited area remained stable after the destruction of Vindobona in the turmoil of the Migration Period until the first expansion brought about by the Babenbergs in the late 12th century also makes any change in the discharge situation seem improbable.

Fig. 2,
Roman manhole
cover of military
camp Vindobona

11

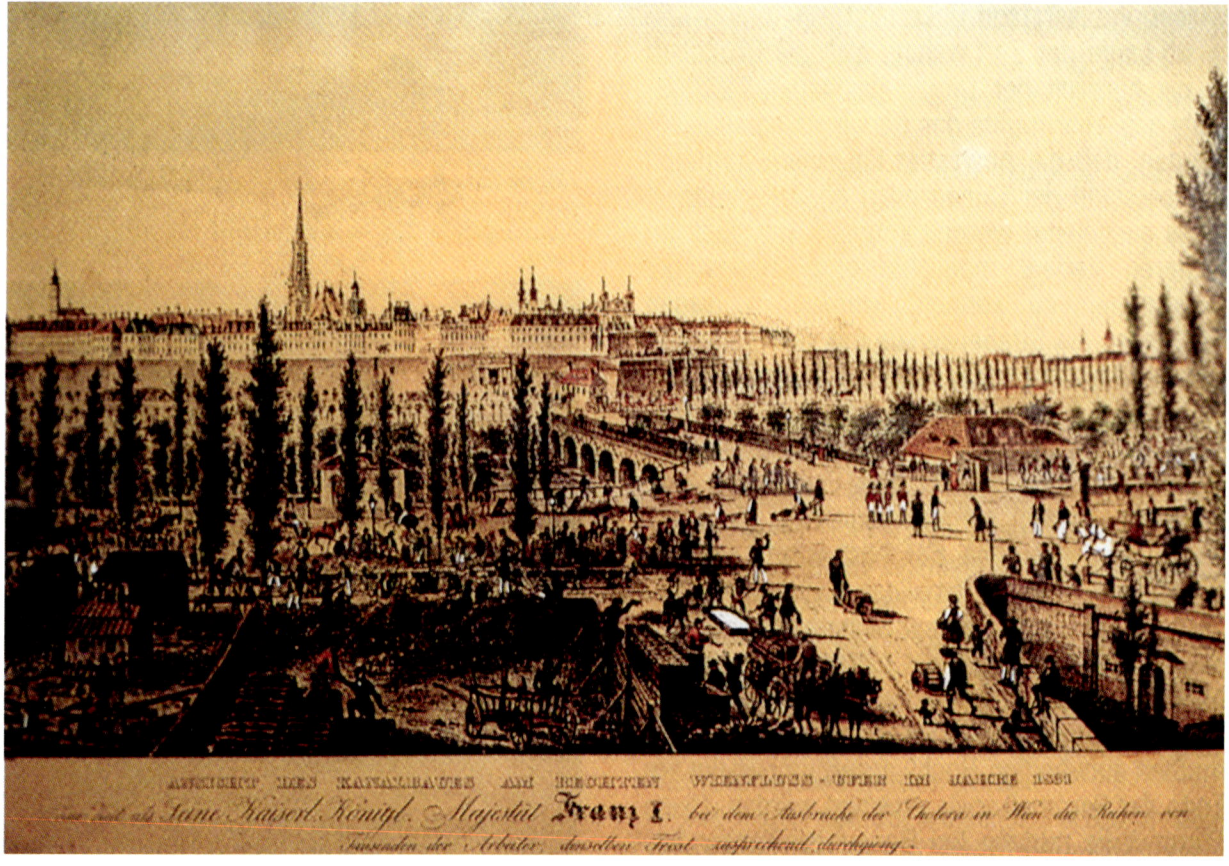

Fig. 3, Start of construction works for Right Wien River Collector, autumn 1831

While drainage technology had been all but forgotten with the decline of the Roman Empire, a few, sparse remnants of a sewer system can be dated back to the late Middle Ages. One of these artificial canals was the small rivulet described above, which probably dried up when the Graben was filled in during the medieval town expansion works and was excavated in the course of construction works for the U3 Underground line in front of the Haas House.

According to medieval records, some houses were connected to an artificial canal using the bed of this former brook. Was this only a canal following in the bed of the old watercourse or was the brook itself housed in to become the first canalised stream in Vienna's history? We do not know. However, it is an established fact that the original courses of brooks in and around Vienna were modified at a very early date, with Ottakringer Bach and Als as prime examples.

As described later in this text, the lower reaches of Ottakringer Bach were altered heavily. Starting around 1240, it thus no longer flowed through Tiefer Graben into what is today's Danube Canal but was diverted several times to ultimately debouch into Wien R iver. This has remained unchanged to this day. Invisible from the street level, the canalised stream debouches into the Left Wien River Collector near the Secession Building. Aficionados of the movie "The Third Man" are familiar with this location, as Municipal Department 30 – Vienna Wastewater Management has for years been delighting an interested public with guided tours through "underground" Vienna around Esperanto Park.

It is likewise an established fact that numerous canals existed towards the end of the 15th century in today's first municipal district. The intense construction activities after the end of the Second Turkish Siege in 1683 also entailed a denser canal and sewer network.

In the first third of the 18th century, the built-up area within the perimeter of the bastions had been almost comprehensively provided with sewers. The quickly developing suburbs and villages around the city discharged their wastewater into the brooks and watercourses along whose banks they had sprung up. Initially, the water regime was sufficient to absorb the waste and excrement volume. Yet increasing urban condensation demanded that spring areas be drained; in addition, spring water was tapped at the town limits and transported into the city as drinking and service water. Soon the dislodging force of the now scarce water was insufficient to carry the growing volume of excrement and waste along.

However, the annual floods triggered by the vast catchment area deep in the Vienna Woods were not banished by tapping the spring water in reservoirs situated within today's Gürtel boulevard. Mostly in springtime, but in any case after every stormwater event, devastating and disastrous floods occurred with great frequency, releasing the accumulated, rotting waste, which often comprised animal carcasses. The plague epidemics of 1679 and 1713 were caused by such events.

Fig. 4, Vienna's sewer network, circa 1730

Although these sanitary shortcomings led to an alarming deterioration of public health, it needed another, even worse catastrophe – as described in the section "Die Als – Die Geschichte eines Wasserlaufs" – to tackle the project of systematic brook canalisation: the great ice thrust event of 28 February 1830 and the subsequent cholera epidemic.

This led to one of the biggest construction programmes in Vienna's history. It was to take more than 70 years; at its end, most existing brooks and watercourses were vaulted over and canalised either in their entirety or at least up to the boundaries of the Vienna Woods.

In addition to the construction of the Right and Left Wien River Collectors, the systematic canalisation of the contaminated watercourses was now undertaken. The lower reaches of Ottakringer Bach were vaulted over between 1837 and 1840, followed by the housing-in of Alsbach up to the Linienwall (a fortification line) from 1840 to 1845, as described below in greater detail. In 1848, Währinger Bach was canalised from its debouchment into the Als brook to today's Gürtel boulevard. The Schmidtgraben, a ditch in the Rossau area, was likewise covered. This first big canalisation push ended in 1850 with the housing-in of Döblinger Bach.

Fig. 5, Until 1892,
the old fortification line ("Linienwall") delimited Vienna from the outer suburbs

With the law of 19 December 1890, which provided for the incorporation of 33 suburbs as well as parts of another 19 municipalities situated at the urban periphery as per 1 January 1892, the municipal area of Vienna effectively tripled from 55.4 to 178.12 square kilometres. The number of inhabitants likewise grew by more than 60 percent to attain 1.342,897. The 11th to 19th municipal districts came into being, and extensive tasks on behalf of the community had to be addressed by the city administration.

The development of public transport and the street network as well as of the technical infrastructure had to take account of the needs of a constantly growing metropolis.

The imperial residence and Austro-Hungarian capital Vienna had embarked on the road into a new century. Structures were being demolished, modified or rebuilt from scratch all over the city.

Since the former suburbs were rarely willing to consider supralocal concerns in their planning activities, the traffic and transport network paid little attention to overarching needs; as a result, lanes e.g. continued only to the municipal limits of a community, where they were often cut off, leaving travellers literally "in the middle of nowhere".

While some suburbs were able to pay for infrastructure measures even before incorporation, many others could not afford this. This unacceptable state of affairs had to be eliminated by developing superordinate planning guidelines.

In connection with city expansion, an amendment to the Building Code came into force on 26 December 1890, thus obligating the City Council to make sure that this expansion would proceed comprehensively and uniformly.

The construction of the big collectors along Wien River outside the fortification lines and along Danube Canal was therefore an achievement of the Commission for Traffic Structures set up in 1892. A general regulation plan for Vienna now laid down urban planning guidelines.

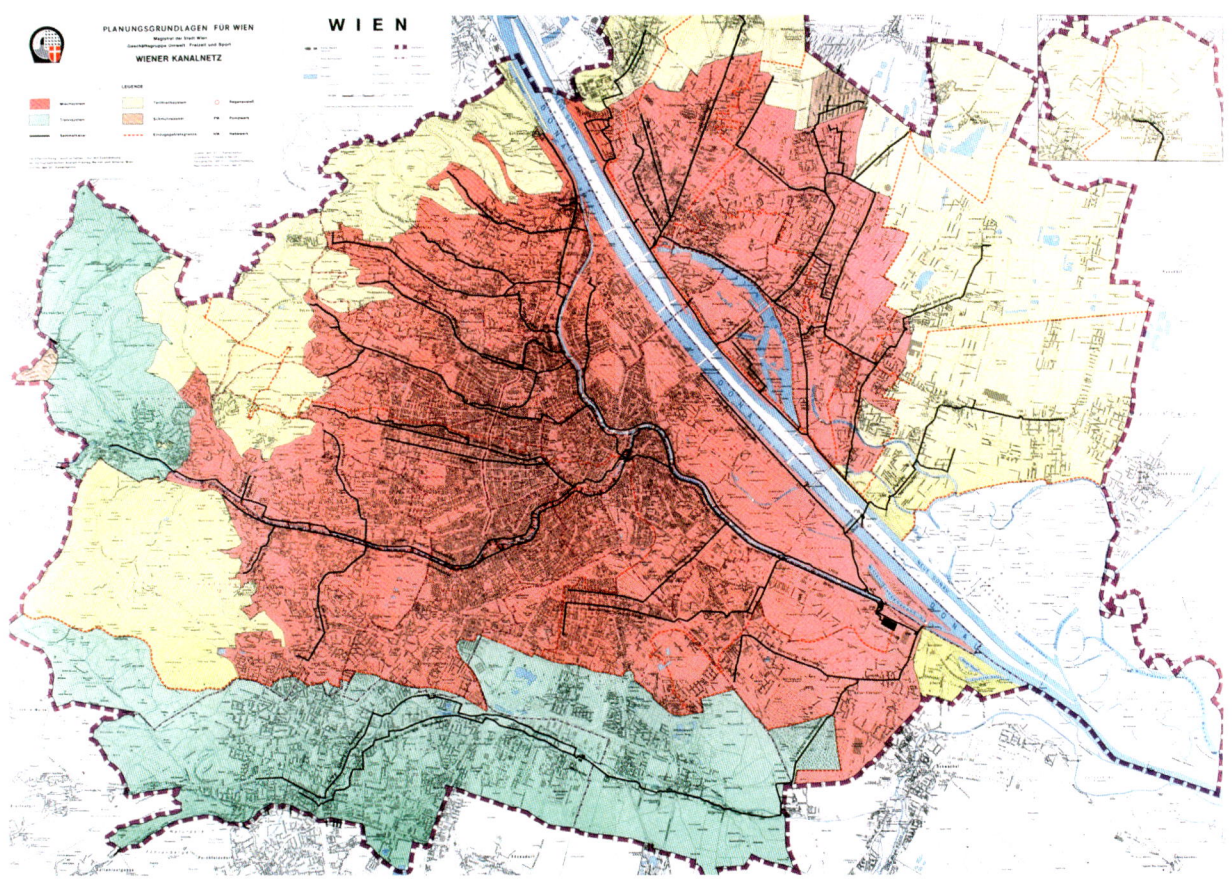

Fig. 6, Overview of the various wastewater disposal systems of Vienna. Approx. 80% of the city are served by a mixed system (stormwater and blackwater), mostly with canalised streams as main collectors on the right bank of the Danube (red)

In 1893, a building zone plan was likewise adopted. For the first time, this plan created a rough classification into residential and industrial zones while at the same time defining building classes, with a decreasing level of stringency of requirements from city centre towards the periphery.

Another priority lay in putting an end to the disastrous hygienic conditions in the suburbs, which had time and again triggered diseases and epidemics, by means of suitable measures. Above all, this called for the co-ordinated improvement of disposal and discharge structures, which was only possible with the co-operation of all municipalities involved.

The sewer sections already constructed in the "hot spots" of some suburbs presented divergent diameters and, due to hydraulic and structural defects, were unsuitable for efficient wastewater disposal. Most of them had only been built to combat odour propagation, lacked an adequate, wide enough bed and were often not even fully covered with soil.

The stocktaking of the technical condition of the old Nesselbach vaulting gives a clear picture of the status quo of these sewers taken over by the City of Vienna.

A report from the archives of MA 30 states:
"The numerous sanitary shortcomings as well as traffic-related requirements already motivated Heiligenstadt, Nussdorf and Grinzing, then independent municipalities, to house in the open Nesselbach brook crossing their territory in accordance with the available funds and subsidies granted by the province, with the objective of ensuring the most viable removal of wastewater from built-up areas and moreover of creating a possibility of using the housed-in watercourse as a traffic surface. The brook was housed in between 1870 and 1888 without the benefit of a uniform project in piecemeal fashion, partly by the municipalities and partly by private actors, according to current needs. No permit under water law to vault over the watercourse was entered into the water register."

It is furthermore added that:
"The method of vaulting-over, which proceeded in piecemeal fashion, first in one spot, then in another, without interconnection, with different diameter sizes, different construction materials and different methods of bottom construction without account taken of an even head, explains why the entire structure is no longer able to meet contemporary requirements for a canalised stream suitable for wastewater disposal.

Since the individual sections were vaulted over without taking account of the water volumes to be disposed of and their runoff, the consequences of this type of building execution are now reflected in quite inadequate water management and extensive damage to the structure."

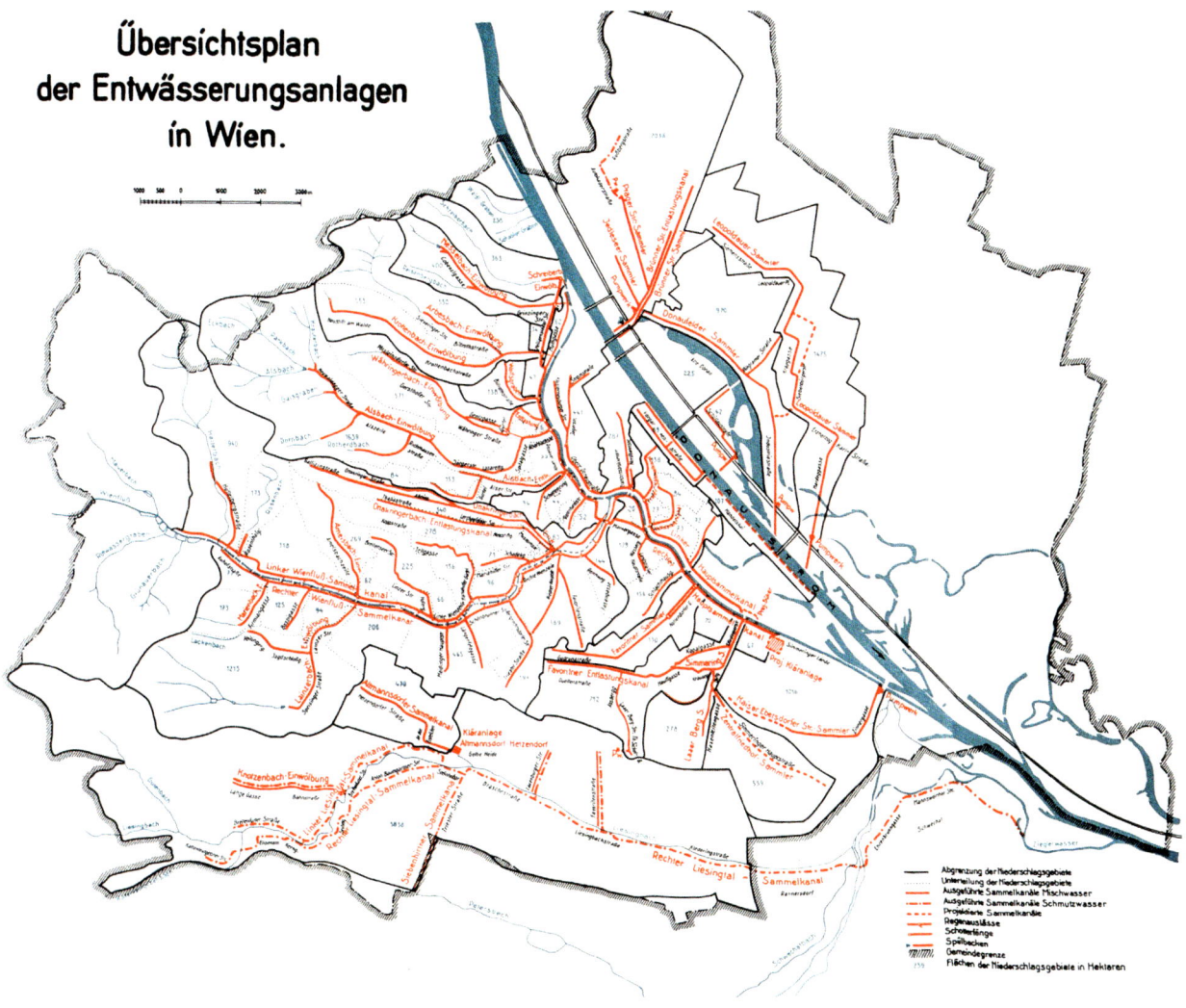

Fig. 7, Main collector network of Vienna (circa 1960)
The canalised streams discharging into the Wien River Collectors as well as to
the north-west are clearly visible due to their meandering course

The text further describes the poor overall condition of the canalised
stream and deplores the partial erosion or obliteration of the sewer bottom. In the end, it is mentioned that the structure is in constant danger
of collapsing.

*"The larger part of the vaulting also presents only minimal cover height;
as a result, the vaulting is severely affected by vibrations caused by car-
riages passing above it and thus impaired in its cohesion."*

19

If we bear in mind that the traffic volume in the former suburbs in those days was certainly much inferior to the present, the structural condition of the above-described sewer must have been alarming indeed.

While the middle of the century had been marked by the need of building an adequate suburban sewer network extending to the old fortification ring around Vienna (including the construction of the Left and Right Wien River Collectors, the housing-in of Ottakringer Bach, Alsbach and Währinger Bach), the city administration now chiefly addressed the wastewater disposal problems in the urban expansion areas.

The incorporation of the suburbs beyond the Gürtel triggered the second major canalisation programme of Vienna's municipal administration. A particularly important role was assigned to the vaulting-over of the severely contaminated brooks of the Vienna Woods beyond the outer fortification line. At the turn of the century, these watercourses still used to flow freely through predominantly rural communities, endowing Vienna's environs with their typical outlook.

Between 1891 and 1903, the City of Vienna invested the amount of approx. 17 million crowns in the development of sewers and drainage structures in the former outer suburbs. Open streams were transformed into main collectors that remain efficient to this day.

Due to the rapid growth of the city that soon reached the foothills of the north-western Vienna Woods, the social and topographical structures began to change profoundly.

One of the watercourses that disappeared "underground" forever in those days is not only recalled by old site plans from the archives of Municipal Department 30 – Vienna Wastewater Management but also in the name given to the eponymous street in the 19th municipal district – the Krottenbach brook.

Like all still uncovered streams of those days, this brook was used as an open sewer, since the villages and settlements along its banks lacked the funds for constructing an efficient waste disposal canal.

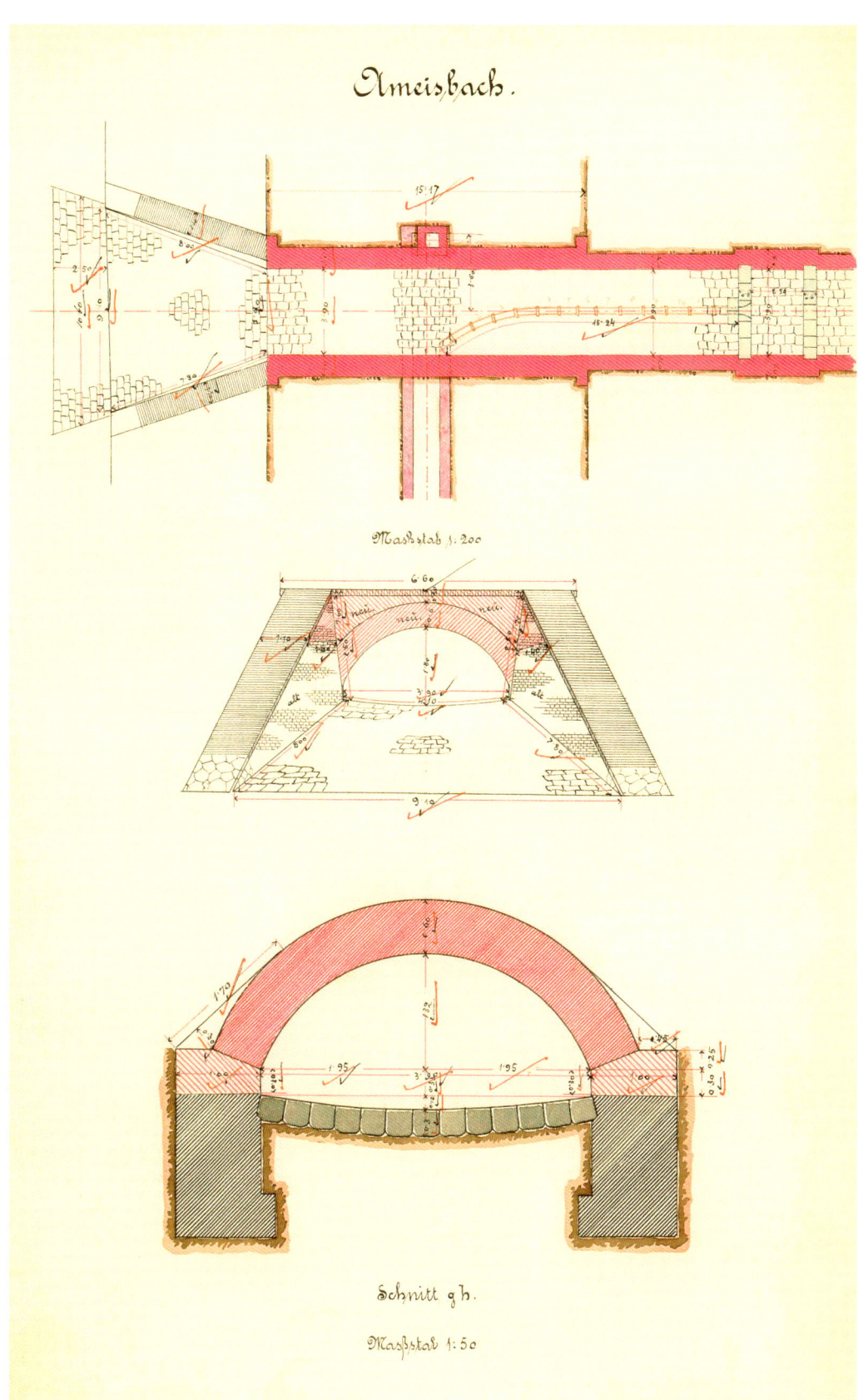

Ameisbach.

Maßstab 1:200

Schnitt g h.

Maßstab 1:50

Fig. 8, Outlet structure and profile of the vaulted-over Ameisbach

Fig. 9, Last vestiges of Ottakringer Bach in Liebhartstal valley, circa 1930
(author's note: this photograph probably shows the old gravel trap near Schottenhof,
which ceased operation in 1910)

In the late 19th century, the individual village centres were still separated from each other by extensive agricultural areas; as a result, long stretches of the new canalised streams were often only used for transport purposes. This made it necessary to fine-tune the canal layout with the planned future use in order to avoid cost-intensive relocation – no easy task as plans were often modified.

In view of recurring problems with land purchases required for this project, the open-air construction works proceeded quite slowly and were fraught with numerous difficulties, although this venture was essential to provide the incorporated suburbs with proper sewerage.

A report by the then Office of Urban Construction on the urgent necessity, for reasons of hygiene, of continuing the vaulting-over of Krottenbach brook states as follows:

"Upstream of the canalised section, Krottenbach brook continues for a length of approx. 1,900 metres as an open watercourse passing through agricultural land; there exist no buildings either along its banks or in the environs.

For this reason, there would seem to be no need for housing in the brook bed, were it not for the two formerly independent municipalities Neustift am Wald and Salmannsdorf, which are situated hard by the brook and use the watercourse for drainage.

If only rainwater were introduced into the brook, which passes between the local buildings and was vaulted over very ineffectually in some points and transformed into a street gully in others, the conditions currently noticeable along the brook bed – highly alarming from the hygienic point of view – would not require a solution.

However, the Krottenbach brook bed is definitely used by these two communities as an open sewer that absorbs all wastewater, process water and great volumes of manure from stables as well as overspills from cesspools and manure pits.

This protracted use of the open brook to dispose of all types of wastewater has led to heavy contamination of the subsoil; due to the rotting organic substances thus introduced, the quality of the air is severely compromised during the warmer months. Naturally, this entails a higher incidence of epidemic diseases in these otherwise very favourably situated communities; the Municipal Health Office has therefore requested the earliest possible vaulting-over of Krottenbach brook as a result of the scarlet fever epidemic that broke out in the area this spring (note: in 1894).

To put an end to this unacceptable status quo, the City of Vienna is planning to vault over the currently still open brook section between Oberdöbling and the Sulzweg (translator's note: a path) in Salmanns-

dorf, so that houses in Salmannsdorf and Neustift can be provided with sewers and the waste material can be disposed of in a manner corresponding to the applicable hygienic standards. Due to the already executed works, priority is now given to the most urgent and obvious necessity of providing the most densely populated zone of Döbling with proper sewerage. The present project for the housing-in of Krottenbach brook was developed on the basis of the master project proposed at the hearing required under water law on 27 March 1893 and in full compliance with the sections already vaulted over …"

This text offers a drastic and impressive picture of the hygienic conditions prevailing in the "good old days". However, this situation was to improve decisively over the coming years due to the fact that connection to the sewer system had become mandatory.

The report on existing water rights comments as follows:
"At the moment, the water of the Krottenbach section to be vaulted over is not used; neither have any water rights been entered into the water register. However, numerous manure runoffs are discharged into the brook bed without permit. According to Article 58 of the Building Code, the construction of a main sewer obligates building owners to establish house sewers, which must also absorb manure runoff, for which reason the existing discharges into Krottenbach brook will be abolished."

In addition to the hygienic advantages resulting from this large-scale sewer construction programme, the impulse generated for the construction business and its ancillary industries must not be overlooked.

Over the 13 years specified above, other brooks vaulted over in addition to Krottenbach included Nesselbach, Arbesbach, Dornbach along Haltergraben valley and the still uncovered sections of Alsbach and Währinger Bach, all part of the catchment area of Danube Canal.

The housing-in of the lower reaches of Schreiberbach, which had already existed before incorporation and was several times updated in connection with the training of Danube Canal, was further continued.

Starting in 1890, construction works in the catchment area of Wien River mainly concerned the brooks Lainzer Bach, Ameisbach and Ottakringer Bach. A total of 208.547 kilometres of sewers for an amount of 12.3 million crowns were built from 1851 to 1890.

By 1903, the public sewer network of enlarged Vienna had grown by another 277.085 kilometres. Over this period, the total cost of providing the neighbourhoods inside and outside the Gürtel boulevard attained close to 33 million crowns.

Fig. 10, Filtering basin of the vaulted-over Lainzer Bach in Lainz, circa 1910

Fig. 11, Rainwater outlet of Lainzer Bach into Wien River during a stormwater event

In the years before the First World War, the network of canalised streams in the catchment area of Wien River was again given priority. One example was the extension of the vaulting-over of Ameisbach up to Baumgartner Höhe, the housing-in of the lower reaches of Rosenbach in Hütteldorf, of Ottakringer Bach as well as of Lainzer Bach, Lackenbach and Marienbach in the 13th municipal district. Since vaulting-over in the direct catchment area of Danube Canal had already progressed very far, the rapid population growth in the western working-class districts beyond the Gürtel now called for the intensified construction of urgently required bypasses for the vaulted-over Alsbach and Währinger Bach.

Smaller, formerly quite unknown brooks were likewise housed in, e.g. in 1904 Multikaulifelder Bach, a rivulet in the catchment area of Nesselbach, which originated near the Cobenzl estate and starting in 1909 also carried the wastewater of that manor.

After 1900, with the growth of the city, brook canalisation gradually moved to the boundaries of the Vienna Woods and thus initiated the systematic grid-type development of the former suburban villages. In 1910, more than two million inhabitants were living in the Austro-Hungarian capital.

As already mentioned, the history of Vienna's canalised streams is closely linked to that of the city. While the water of the brooks once had fostered the emergence of most villages and settlements that today make up the metropolitan area of Vienna, the eleven big canalised streams and their bypasses contributed and still contribute significantly to wastewater disposal.

The entire catchment area of the vaulted-over brooks is a respectable 76.5 square kilometres or approx. 20 percent of the current municipal territory.

Due to the watershed along the north-western ridge of the Vienna Woods, the canalised streams can be differentiated into those debouching into the Right Main Collector running parallel to the right bank of Danube Canal (these brooks formerly discharged into the old branch of the Danube) and those first discharging into the Left and Right Wien River Collectors (these brooks formerly debouched into Wien River). From north to south, the first group is comprised of Schreiberbach in Nussdorf, originating in the Wildgrube valley; Nesselbach, which flows from Grinzing via Heiligenstadt; Arbesbach, which descends from Sievering; Krottenbach, which originates in Neustift; and Währinger Bach, which takes its origins in Pötzleinsdorf and Gersthof, then crosses Währing and joins with Alsbach at the covered market of Alsergrund, the latter watercourse reaching the 9th municipal district in Zimmermannplatz square after flowing through Neuwaldegg, Dornbach and Hernals.

From east to west, the following watercourses discharge into the Left Wien River Collector: Ottakringer Bach (originates in Liebhartstal valley), Ameisbach (originates in Steinhof) and Rosenbach in Hütteldorf; from east to west, the Right Wien River Collector absorbs Lainzer Bach (originates in the Lainzer Tiergarten wildlife preserve) and Marienbach (originates in Ober St. Veit).

To this day, these eleven major canalised streams form the backbone of wastewater disposal between Danube Canal and the hilly ridge of the Vienna Woods. Along their course, they absorb numerous smaller streams, such as Lackenbach, Rotherdbach or Halterbach.

Already around the last turn of the century, the high level of urban condensation necessitated the construction of big bypasses, such as those mentioned for Alsbach and Währinger Bach but also for Ottakringer Bach in order to effectively combat floods in case of stormwater events.

The completion of the Second Mountain Spring Pipeline and the construction of an efficient sewer system finally spelled an end to the grave sanitary shortcomings that had caused so many diseases and epidemics, and moreover created the necessary infrastructure for a thriving metropolis.

Fig. 12, Filtering basin of Nesselbach in Grinzing, circa 1905

The outlook of the old villages and vintners' communities changed quickly in the wake of the vaulting-over of the brooks, and the city began to spread to the edge of the Vienna Woods.

While the vaulting-over of the historic streams in the late Biedermeier era had constituted an immense step forward in ensuring public hygiene, the onset of the industrial age and the Gründerzeit period made their extension a sanitary priority.

Those problems would doubtless be resolved differently in today's era of renaturation and technology downscaling; in those days, however, the unshakeable faith in engineering prevailed uncontested.

Fig. 13, Upper course of Arbesbach in Sievering, circa 1960

And so these old brooks merely survive in some of the place and street names of this city. Far from the centre, amidst Vienna's Green Belt, their last vestiges – the only spots where we can still find Alsbach, Schreiberbach or Sieveringer Bach – can be found.

Fig. 14, Upper course of Arbesbach in Sievering, circa 1960

Perhaps the present article will provide some stimulus to embark on a
search for these last vestiges and to rediscover a piece of "Old Vienna"
in the process.

Fig. 15 and 16, Idyllic Schreiberbach, which inspired the 2nd movement of Beethoven's
Pastoral Symphony, usually referred to as "By the brook"

Fig. 17, Upper course of Arbesbach

WIEN KANAL CITY OF VIENNA / MUNICIPAL DEPT. 30 — VIENNA WASTE WATER MANAGEMENT